普通高等院校计算机基础教育"十三五"规划教材

全国高等院校计算机基础教育研究会计算机基础教育教学研究项目成果

C 语言程序设计教程

冀 松 主 编

王 艳 翟伟芳 刘永立 副主编

冯 娟 卢秀丽 参 编

中国铁道出版社有限公司

CHINA RAILWAY PUBLISHING HOUSE CO., LTD.

内 容 简 介

本书从程序设计语言初学者的角度出发，以丰富的案例由浅入深地介绍了 C 语言的基本语法、基本结构和 C 语言编程的思路及方法。

全书共 12 章，内容包括引言、C 语言程序的基本语法、顺序结构程序设计、选择结构程序设计、循环结构程序设计、数组、函数、预处理命令、指针、结构体与共用体、位运算、文件。

本书语言通俗易懂，案例丰富，内容由浅入深，结构清晰，适合作为高等院校 C 语言程序设计课程的教材，也可供培训机构和程序设计爱好者使用。

图书在版编目（CIP）数据

C 语言程序设计教程/冀松主编. —北京：中国铁道
出版社有限公司, 2021.2 (2022.12 重印)
普通高等院校计算机基础教育"十三五"规划教材
ISBN 978-7-113-26873-2

Ⅰ.①C… Ⅱ.①冀… Ⅲ.①C 语言-程序设计-高等
学校-教材 Ⅳ.①TP312.8

中国版本图书馆 CIP 数据核字(2020)第 078380 号

书　　名：C 语言程序设计教程
作　　者：冀　松

策　　划：魏　娜　　　　　　　　　　　编辑部电话：（010）63549501
责任编辑：贾　星
封面设计：郑春鹏
责任校对：张玉华
责任印制：樊启鹏

出版发行：中国铁道出版社有限公司（100054，北京市西城区右安门西街 8 号）
网　　址：http://www.tdpress.com/51eds/
印　　刷：国铁印务有限公司
版　　次：2021 年 2 月第 1 版　　2022 年 12 月第 3 次印刷
开　　本：787 mm×1 092 mm　1/16　印张：13.75　字数：329 千
书　　号：ISBN 978-7-113-26873-2
定　　价：40.00 元

前　言

　　C 语言是一门面向过程的、抽象化的通用程序设计语言。C 语言功能丰富、表达能力强、使用灵活方便、应用面广、目标程序效率高、可移植性好，兼具高级语言和低级语言的优点，既适于编写系统软件，又可以编写应用软件。因此，许多高校都将 C 语言列为学习程序设计课程的首选语言。

　　本书编写以"教师为主导，学生为主体"为理念，以服务为宗旨，以就业为导向，以能力为本位，以学会为目的。本书从程序设计语言初学者的角度出发，以丰富的案例由浅入深地介绍了 C 语言的基本语法、基本结构和 C 语言编程的思路及方法。本书最大的特点就是案例丰富、由浅入深。每个知识点后面紧跟例题，通过例题，学生能够更加深刻地理解和掌握知识点，做到学以致用。所有的案例由浅入深、逐步推进，使学生学得会、跟得上。案例选取具有一定的趣味性，能够激发学生的学习兴趣。教材内容实用、生动、易学，理论实践相结合，并给出配套的练习，增强了实用性和可操作性。

　　本书共分为 12 章。第 1 章引言，介绍了程序设计基本知识、程序的编译环境、算法及 C 语言的字符集和词汇。第 2 章 C 语言的基本语法，介绍了 C 语言的基本数据类型、常量、变量、运算符和表达式。第 3 章顺序结构程序设计，介绍了 C 语言的基本语句、格式输入/输出函数和字符数据的输入与输出。第 4 章选择结构程序设计，介绍了 if 语句和 switch 语句及选择结构的嵌套。第 5 章循环结构程序设计，介绍了 while 语句、do…while 语句、for 语句、break 和 continue 语句及循环的嵌套。第 6 章数组，介绍了一维数组、二维数组的定义与引用、字符数组及字符串处理函数。第 7 章函数，介绍了函数的定义、函数的调用、变量的类型与存储。第 8 章预处理命令，介绍了宏定义、文件包含和条件编译。第 9 章指针，介绍了指针的概念、指针的基本运算、指针与函数、指针数组。第 10 章结构体与共用体，介绍了结构体类型、结构体数组、指向结构体的指针、共用体类型及类型定义符。第 11 章位运算，介绍了位运算符及位运算。第 12 章文件，介绍了文件的概念及文件的操作。

　　本书由冀松任主编，王艳、翟伟芳、刘永立任副主编，冯娟、卢秀丽参与编写。具体编写分工为：冀松编写第 3～5 章，王艳编写第 6～8 章、附录 C，翟伟芳编写第 1 章、第 2 章、附录 A、附录 B，刘永立编写第 9 章、第 10 章，冯娟编写第 11 章，卢秀丽编写第 12 章。冀松负责全书的整体策划与统稿工作。在本书的编写过程中，保定理工学院的各级领导给予了大力支持，在此对他们表示感谢。

由于编者水平有限，书中难免存在不足和疏漏之处，恳请广大读者批评指正。

编　者

2020 年 3 月

目 录

CONTENTS

第1章　引言 1
1.1　程序设计概述 1
1.1.1　程序设计语言 1
1.1.2　C语言的发展 2
1.1.3　C语言的特点 3
1.1.4　简单的C程序介绍 4
1.1.5　C语言程序结构的特点 6
1.2　程序的编译与编程环境 6
1.2.1　C语言程序的执行过程 6
1.2.2　Visual C++ 6.0 编程环境 8
1.3　C语言的字符集和词汇 10
1.3.1　字符集 10
1.3.2　C语言词汇 11
1.4　算法 13
1.4.1　算法的概念 13
1.4.2　算法的特点 13
1.4.3　算法的表示 14
习题一 18

第2章　C语言程序的基本语法 19
2.1　基本数据类型 19
2.2　常量 21
2.2.1　整型常量 21
2.2.2　实型常量 22
2.2.3　字符型常量 23
2.2.4　符号常量 25
2.3　变量 26
2.3.1　整型变量 27
2.3.2　实型变量 29
2.3.3　字符变量 30
2.4　各类数值型数据之间的混合
　　　运算 31
2.5　基本运算符和表达式 32
2.5.1　算术运算符与算术表达式 32
2.5.2　赋值运算符与赋值表达式 35
2.5.3　关系运算符与关系表达式 37

2.5.4　逻辑运算符与逻辑表达式 37
2.5.5　逗号运算符与逗号表达式 40
2.5.6　条件运算符与条件表达式 41
习题二 42

第3章　顺序结构程序设计 44
3.1　C语言的基本语句 44
3.2　格式的输入/输出 45
3.2.1　printf函数 46
3.2.2　scanf函数 49
3.3　字符数据的输入/输出 51
3.3.1　putchar函数 51
3.3.2　getchar函数 52
3.4　顺序结构 53
习题三 54

第4章　选择结构程序设计 57
4.1　if语句 57
4.1.1　if单分支结构 57
4.1.2　if...else双分支结构 58
4.1.3　if...else...if多分支结构 59
4.1.4　选择结构的嵌套 61
4.2　switch语句 62
习题四 67

第5章　循环结构程序设计 70
5.1　while语句 70
5.2　do...while语句 72
5.3　for语句 73
5.4　break和continue语句 76
5.5　循环的嵌套 78
习题五 80

第6章　数组 83
6.1　认识数组 83
6.2　一维数组的定义和引用 84
6.2.1　一维数组的定义 84

6.2.2　一维数组的引用 85
6.2.3　一维数组的初始化 86
6.3　二维数组的定义和引用 88
6.3.1　二维数组的定义 88
6.3.2　二维数组的引用 89
6.3.3　二维数组的初始化 90
6.4　字符数组 92
6.4.1　字符数组的定义与引用 92
6.4.2　字符数组的初始化 92
6.4.3　字符数组的输入/输出 93
6.4.4　字符串处理函数 94
习题六 99

第7章　函数 101
7.1　函数的定义 101
7.1.1　函数的分类 101
7.1.2　函数的定义方法 102
7.2　函数的调用 103
7.2.1　函数调用的形式 103
7.2.2　函数的声明 104
7.2.3　函数返回值 104
7.3　函数的参数 105
7.3.1　函数参数的传递 105
7.3.2　数组元素作函数实参 106
7.3.3　数组名作函数参数 107
7.4　函数的嵌套调用 109
7.5　函数的递归调用 110
7.6　变量的作用域和生存期 112
7.6.1　变量的作用域 113
7.6.2　变量的生存期 115
7.7　内部函数和外部函数 120
7.7.1　内部函数 120
7.7.2　外部函数 120
习题七 121

第8章　预处理命令 124
8.1　概述 124
8.2　宏定义 124
8.2.1　不带参数的宏 124
8.2.2　带参数的宏 126

8.3　文件包含 127
8.4　条件编译 128
习题八 129

第9章　指针 131
9.1　指针的概念 131
9.1.1　地址 131
9.1.2　指针变量的定义 132
9.1.3　指针变量的使用 132
9.2　指针的基本运算 134
9.2.1　指针的算术运算 134
9.2.2　指针的关系运算 135
9.3　指向数组的指针变量 136
9.3.1　指向一维数组的指针变量 ...136
9.3.2　指向多维数组的指针变量 ...138
9.4　指向字符串的指针变量 141
9.5　指针变量作函数参数 143
9.6　指针与函数 144
9.6.1　指针型函数 144
9.6.2　指向函数的指针 145
9.7　指针数组 147
习题九 149

第10章　结构体与共用体 151
10.1　结构体类型 151
10.1.1　结构体的定义 151
10.1.2　结构体变量的定义 152
10.1.3　结构体变量的初始化 153
10.1.4　结构体变量的引用 154
10.2　结构体数组 156
10.2.1　结构体数组的定义 156
10.2.2　结构体数组的初始化 158
10.2.3　结构体数组的应用 158
10.3　指向结构体的指针 159
10.3.1　指向结构体变量的指针 ...159
10.3.2　指向结构体数组的指针 161
10.4　共用体类型 163
10.4.1　共用体的定义 163
10.4.2　共用体变量的定义 164
10.4.3　共用体变量的初始化

　　　　与引用 165
　10.5　类型定义符 typedef 168
　习题十 169

第 11 章　位运算 172

　11.1　位运算符 172
　11.2　常用位运算 172
　　11.2.1　按位取反运算 173
　　11.2.2　按位与运算 174
　　11.2.3　按位或运算 175
　　11.2.4　按位异或运算 177
　　11.2.5　按位左移运算 178
　　11.2.6　按位右移运算 180
　　11.2.7　复合位运算赋值运算符 182
　习题十一 182

第 12 章　文件 184

　12.1　文件的概念 184
　　12.1.1　文件 184

　12.1.2　流 185
　12.1.3　文件与流的关系 185
　12.2　文件的操作 185
　　12.2.1　文件指针 185
　　12.2.2　打开文件 186
　　12.2.3　关闭文件 188
　　12.2.4　读写文件 188
　　12.2.5　重命名文件 197
　　12.2.6　删除文件 198
　　12.2.7　复制文件 198
　　12.2.8　检测文件 198
　习题十二 200

附录 A　ASCII 码表 202

附录 B　运算符的优先级和结合性 204

附录 C　标准库函数 206

参考文献 211

第 1 章
引 言

本章主要介绍程序设计语言的概念、C 语言的发展和 C 语言的特点等，并通过一些简单的 C 程序例题介绍 Visual C++ 6.0 开发环境，最后介绍算法的概念以及算法的描述方法。

 ## 1.1 程序设计概述

1.1.1 程序设计语言

1. 指令和程序

计算机是通过一系列指令来控制计算机工作的，指令是对计算机进行程序控制的最小单位，由操作码和操作数组成，操作码指的是机器要执行什么操作（如加减乘除），而操作数就是具体执行的对象（具体的数据以及存放数据的地址），所有指令的集合称为计算机的指令系统，常见的计算机指令系统有 Intel X86 指令集，常见的手机指令系统有 ARM。

程序是计算机能够识别和执行的指令代码。执行程序的过程就是执行一系列按一定顺序排列的指令，也就是计算机的工作过程。

2. 程序设计和程序设计语言

程序设计是以某种程序设计语言为工具，编写解决特定问题程序的过程，即编写程序。

程序设计语言又称计算机语言，是人和计算机交流的语言，用于编写计算机程序。按程序员与计算机对话的复杂程度，可以将程序设计语言分为低级语言（Lower-level Language）和高级语言（Higher-level Language）两类，低级语言又包括机器语言（Machine Language）和汇编语言（Assembly Language）。

（1）机器语言

计算机能直接识别的只能是二进制信息，因此最初的计算机指令都是用二进制形式表示的。机器语言就是以计算机能直接识别的"0"或"1"二进制代码组成的一系列指令，每条指令实质上是一组二进制数。指令送入计算机后，存放在存储器中，运行的时候，逐条从存储器中取出指令，经过译码，使计算机内各部件根据指令的要求完成规定的操作。

（2）汇编语言

由于机器语言对于用户来说，记忆和书写都很不方便，编写程序困难很大，所以出现了用符号来表示二进制指令代码的符号语言，称为汇编语言。汇编语言用容易记忆的英文单词缩写代替约定的指令，例如，用 MOV 表示数据的传送指令，用 ADD 表示加法指令，用 SUB 表示减法指令等。汇编语言的出现使得程序的编写方便了许多，并且编写的程序便于检查和修改。例如：

ADD 3,2 表示将操作数 2 和 3 进行相加运算；

MOV R2,R1 表示将寄存器 R1 中存放的数据传送到寄存器 R2 中。

（3）高级语言

高级语言是更接近自然语言和数学表达式的一种语言，它由表达不同意义的"关键字"和"表达式"按照一定的语法语义规则组成，不依赖具体的机器。用高级语言编写的程序易读易记，也便于推广交流，从而极大地推动了计算机的普及应用。

从最初的机器语言发展到如今有 2500 多种高级语言，每种高级语言都有其特定的用途，其中应用比较广泛的有 100 多种，程序设计语言在不断地发展，常用的一些高级语言有 C#、C/C++、Java、Visual Basic、Pascal、Python、Perl、Ruby、Delphi 等，还有一些有专门用途的高级语言，比如专门用于数值计算的 FORTRAN 语言，专门用于数据库开发的 Visual FoxPro、PowerBuilder 语言以及专门用于网页开发的 PHP、ASP 语言等。

（4）第四代非过程化语言

第四代语言（Fourth-Generation Language，4GL）是非过程化语言，编码时只需说明"做什么"，无须描述算法细节。数据库查询和应用程序生成器是 4GL 的两个典型应用。用户可以用数据库查询语言（SQL）对数据库中的信息进行复杂的操作，只需将要查找的内容在什么地方、根据什么条件进行查找等信息告诉 SQL，SQL 将自动完成查找过程。应用程序生成器则是根据用户的需求"自动生成"满足需求的高级语言程序。真正的第四代程序设计语言应该说还没有出现，所谓的第四代语言大多是指基于某种语言环境上具有 4GL 特征的软件工具产品，如 System Z、PowerBuilder、FOCUS 等。

第四代程序设计语言是面向应用，为最终用户设计的一类程序设计语言。它具有缩短应用开发过程、降低维护代价、最大限度地减少调试过程中出现的问题以及对用户友好等优点。

1.1.2　C 语言的发展

C 语言的前身是 ALGOL 60，之后剑桥大学将 ALGOL 60 语言发展成为 CPL（Combined Programming Language）语言。1967 年，剑桥大学的 Martin Richards 对 CPL 语言进行了简化，于是产生了 BCPL（Basic Combined Programming Language）语言。

1970 年，美国贝尔实验室的 Ken Thompson 以 BCPL 语言为基础，设计出很简单且很接近硬件的 B 语言（取 BCPL 的首字母），并且他用 B 语言写了第一个 UNIX 操作系统。

1971 年，美国贝尔实验室的 D. M. Ritchie 和 Ken Thompson 一起合作开发 UNIX。他的主要工作是改造 B 语言，使其更成熟，最终于 1972 年设计出了一种新的语言，他取了 BCPL 的第二个字母作为这种语言的名字，这就是 C 语言。

随着 UNIX 的发展，C 语言自身也在不断地完善。直到 2020 年，各种版本的 UNIX 内核和周边工具仍然使用 C 语言作为最主要的开发语言，其中还有不少继承 Thompson 和 Ritchie 之手的代码。

在开发中，D. M. Ritchie 和 Ken Thompson 还考虑把 UNIX 移植到其他类型的计算机上使用。C 语言强大的移植性（Portability）在此显现。机器语言和汇编语言都不具有移植性，因为 X86 开发的程序不可能在 Alpha、SPARC 和 ARM 等机器上运行。而 C 语言程序则可以使用在任意架构的处理器上，只要那种架构的处理器具有对应的 C 语言编译器和库，然后将 C 源代码编译、连接成目标二进制文件之后即可运行。1977 年，D. M. Ritchie 发表了不依赖于具体机器系统的 C 语言编译文本《可移植的 C 语言编译程序》。

C 语言继续发展，在 1982 年，很多有识之士和美国国家标准协会（American National Standards Institute，ANSI）为了使这个语言健康地发展下去，决定成立 C 标准委员会，建立 C 语言的标准。委员会由硬件厂商、编译器及其他软件工具生产商、软件设计师、顾问、学术界人士、C 语言作者和应用程序员组成。

1978 年，D. M. Ritchie 和 Brian Kernighan 编写了 *The C Programming Language* 一书，第一版是公认的 C 标准实现，而没有定义 C 标准库。1989 年，ANSI 发布了第一个完整的 C 语言标准——ANSI X3.159—1989，简称 C89，人们习惯称其为 ANSI C。1990 年，C89 被国际标准组织（International Standard Organization，ISO）采纳，称为 ISO/IEC9899：1990，通常简称 C90。1999 年，ISO 发布了新的 C 语言标准，称为 ISO/IEC9899：1999，简称 C99。2011 年 12 月 8 日，ISO 正式发布了新的标准，称为 ISO/IEC9899：2011，简称 C11。这些标准定义了 C 语言和 C 标准库。截至 2020 年，最新的 C 语言标准为 2017 年发布的 C17。

1.1.3　C 语言的特点

C 语言是当今应用最为广泛，最具影响力的程序设计语言之一。它不仅具有功能丰富、表达能力强、应用面广、生成目标程序简练、程序执行效率高及良好的可移植性等优点，而且同时兼备高级语言和低级语言的特点。既能有效地进行算法描述，又能对硬件直接进行操作；既适合开发系统级软件，又适合编写应用类程序。C 语言发展非常迅速，主要因为其强大的功能。

通过对 C 语言进行研究分析，总结出其主要特点如下：

1. 简洁的语言

C 语言包含的各种控制语句仅有 9 种，关键字也只有 32 个，程序的编写要求不严格且以小写字母为主，对许多不必要的部分进行了精简。实际上，语句构成与硬件关联较少，且 C 语言本身不提供与硬件相关的输入/输出、文件管理等功能，如需此类功能，需要通过配合编译系统所支持的各类库进行编程，故 C 语言拥有非常简洁的编译系统。

2. 具有结构化的控制语句

C 语言是一种结构化的语言，提供的控制语句具有结构化特征，如 for 语句、if...else 语句和 switch 语句等，可以用于实现函数的逻辑控制，方便面向过程的程序设计。

3. 丰富的数据类型

C 语言包含的数据类型广泛，不仅包含传统的字符型、整型、浮点型、数组类型等数据类型，还具有其他编程语言所不具备的数据类型，其中指针类型数据使用最为灵活，可以通过编程对各种数据结构进行计算。

4．丰富的运算符

C语言包含34个运算符，它将赋值、括号等均视作运算符来操作，使C程序的表达式类型和运算符类型均非常丰富。

5．可对物理地址进行直接操作

C语言允许对硬件内存地址进行直接读写，可直接操作硬件，以此可以实现汇编语言的主要功能，C语言不但具备高级语言的良好特性，又具有低级语言的许多优势，故在系统软件编程领域有着广泛的应用。

6．代码具有较好的可移植性

C语言是面向过程的编程语言，用户只需要关注所需解决问题的本身，而不需要花费过多的精力去了解相关硬件。针对不同的硬件环境，在用C语言实现相同功能时的代码基本一致，不需改动或仅需进行少量改动便可完成移植，这就意味着，一台计算机编写的C程序可以在另一台计算机上轻松地运行，从而极大地降低了程序移植的工作强度。

7．可生成高质量、高效率的目标代码

与其他高级语言相比，C语言可以生成高质量和高效率的目标代码，故通常应用于对代码质量和执行效率要求较高的嵌入式系统程序的编写。

1.1.4　简单的C程序介绍

所谓万事开头难，我们就先写一个最简单的C语言程序来认识C语言吧！

【例1.1】编写程序，在屏幕上输出"Hello,World!"字符串。

```
#include <stdio.h>
void main()
{
    printf("Hello,World!\n");
}
```

【运行结果】

```
Hello,World!
```

【程序说明】

① #include <stdio.h>，这行代码是编译预处理指令，用来提供输入/输出函数的声明、宏的定义及全局量的定义等信息，作用是把系统目录下的头文件stdio.h包含到本程序中，成为本程序的一部分。stdio.h是系统提供的一个文件名，所以用<>来标定，stdio是standard input & output的缩写，意为标准输入/输出，文件扩展名.h的意思是头文件（Header File），因为这些文件都放在程序各文件模块的开头。输入/输出函数的相关信息已事先放在stdio.h文件中，在本例题中，主函数中用到了标准输出函数printf，它的函数原型在头文件stdio.h中，所以要用#include指令把这些信息调入供使用。

② void main()，main是主函数的函数名，表示这是一个主函数，每一个C源程序都必须有且只能有一个主函数。

③ printf("Hello World!\n");语句中，printf函数是一个由系统定义的标准函数，可在程序中直接调用。printf函数的功能是把要输出的内容送到显示器去显示，即打印输出Hello World!到Windows控制台下，其中\n为转义字符，具有转行的功能。

④ main 函数中的内容必须放在一对花括号 "{}" 中。

【例 1.2】从键盘输入一个角度的弧度值 a，计算该角度的正弦值，将计算结果输出到屏幕。

```c
#include <stdio.h>
#include <math.h>
void main()
{
    double a,s;
    printf("Please input value of a: ");
    scanf("%lf",&a);
    s=sin(a);
    printf("sin(%lf)=%lf\n",a,s);
}
```

【运行结果】

```
Please input value of a: 1.57
sin(1.570000)=1.000000
```

【程序说明】

① 程序除了包含头文件 stdio.h 以外还包含了数学头文件 math.h，因为在主函数中用到正弦函数，其函数原型在 math.h 中。

② 在 main 函数中定义了两个双精度实数型变量 a、s。

③ printf("Please input value of a:");用于显示提示信息：Please input value of a:。

④ scanf(" %lf ",&a);用于从键盘获得一个实数 a，a 代表角度的弧度值。

⑤ s=sin(a);计算 a 的正弦，并把计算结果赋给变量 s。

⑥ printf("sin(%lf)=%lf\n",a,s);语句的作用是将 a 和 s 的值输出到屏幕。双引号中的两个格式字符%lf 分别对应 a 和 s 两个输出变量。

【例 1.3】设计一个加法器实现两数相加。通过调用该加法器计算两数的和。

```c
#include <stdio.h>
int add(int x,int y);
main()
{
    int a,b,c;
    printf("please input value of a and b:\n");
    scanf("%d %d",&a,&b);
    c=add(a,b);
    printf("sum=%d\n",c);
}
int add(int x,int y)
{
    return(x+y);
}
```

【运行结果】

```
please input value of a and b:
6 8
sum=14
```

【程序说明】

① 主函数体分为两部分：说明部分和执行部分。

C 语言程序设计教程

② 语句 c=add(a,b);通过调用加法器 add 完成 a+b 的计算，并将计算结果赋给变量 c。

③ 屏幕上显示字符串"please input value of a and b:"是提示用户从键盘输入 a 和 b 的值，用户从键盘上键入两个数，屏幕上会显示出这两个数的和。

1.1.5　C 语言程序结构的特点

通常，C 语言程序可由下面几个部分组成：

① 文件包含部分；

② 预处理部分；

③ 变量说明部分；

④ 函数原型声明部分；

⑤ 主函数部分；

⑥ 自定义函数部分。

关于程序结构的几点说明：

① 不是每一个 C 语言程序都包含上面 6 部分，最简单的 C 语言程序可以只有文件包含和主函数部分。

② 每个 C 语言程序都必须有且仅有一个主函数，主函数的组成形式如下所示：

```
main()
{
    变量说明部分
    程序语句部分
}
```

③ 每个 C 语言程序可以有 0 个或多个自定义函数。自定义函数的形式同主函数形式一样。

```
<自定义函数名>(<参数列表>)
{
    变量说明部分
    程序语句部分
}
```

④ C 语言程序的每个语句都由分号结束。

　1.2　程序的编译与编程环境

1.2.1　C 语言程序的执行过程

因为处理器并不能识别由文本字符组成的源文件代码，即使经过预处理后产生的.i 文件依旧是文本文件，不能被处理器识别，所以需要编译成能识别的机器码。程序要运行起来，必须要经过 4 个步骤：预处理、编译、汇编和链接，C 语言程序的编译链接过程如图 1-1 所示。

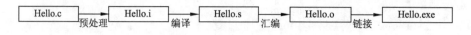

图 1-1　C 语言程序编译链接过程

1. 预处理

预处理又叫预编译，主要解释源文件中所有的预处理指令，包括头文件的展开和宏定义的替换，形成.i 文件，具体细节就是处理以"#"开头的预编译指令，比如#include、#define、#ifdef、#ifndef 等，以及删除所有注释等工作。

预处理并不占用运行时间，同时预处理指令本身并不是 C 语言的组成部分，因此预处理过程不归入编译器工作范围，而是交给独立的预编译器。

2．编译

编译过程就是将高级语言转换成对应硬件平台的汇编语言，生成.s/.asm 文件，不同的处理器有不同的汇编格式，如 X86 平台对应 X86 的汇编格式，ARM 平台对应 ARM 汇编格式。

编译过程实质上是用一段翻译程序将源程序翻译成另一种语言的目标程序，二者在逻辑上是相当的。编译的主要工作就是检验变量、函数、标识符、关键字等使用是否合理，具体工作分为六大部分：词法分析、语法分析、语义分析、中间代码生成、代码优化、目标代码生成。具体的编译过程如图 1-2 所示。

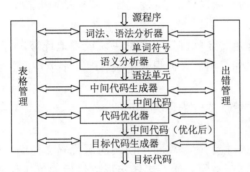

图 1-2　C 语言程序具体编译过程

（1）词法分析

词法分析对源程序进行扫描和分析，识别出一个个词，如标识符、常量、运算符等，其运作中遵循的是语法规则（构词规则），描述这套规则的有效工具是正规式和有限自动机。

（2）语法分析

语法分析是在词法分析的基础上，依据语法规则，将词分解成一个个语法单元（短句、子句、句子、程序段、程序），并判断是否符合语法正确性，比如是否有拼写错误、括号是否匹配，这是一种层次分析。

（3）语义分析

语义分析是对一个个语法单元进行静态语义检查（说明有没有错、作用域有没有错、类型有没有不匹配），分析其含义，判断是否合乎语法范畴，如变量是否定义、类型是否正确等。

（4）产生中间代码

如果语法分析、语义分析没错，那就进行初步翻译，产生中间代码。

（5）代码优化

代码优化是将代码（主要是针对中间代码）进行加工变换，使其形成更加高效，更加节省时间和空间的代码。

（6）生成目标代码

生成目标代码是将经过优化处理后的中间代码转换成特定机器上的低级语言程序代码，如汇编指令。

（7）表格管理

编译的各个过程中时刻需要表格管理，用来记录源程序的各类信息和编译各个子阶段的进展情况。主要工作是整理符号表，用以登记每个标识符以及它们的属性，比如一个标识符是常量还是变量，类型是什么，占用内存多少，地址是多少。

（8）出错管理

编译的各个过程时刻需要出错管理，用以设法发现错误并将错误信息告知用户。出错情况一般有两种：语法错误和语义错误。语法错误主要是指不合乎语法规则的错误，比如拼写是否错误，括号是否不匹配；而语义错误主要是指不合乎语义规则的错误，比如说明是否有错、作用域是否有错、类型是否不匹配。

3．链接

链接的主要内容就是将各个模块之间相互引用的部分正确地衔接起来。它的工作就是把一些指令对其他符号地址的引用加以修正。链接过程主要包括地址和空间分配、符号决议和重定向。

（1）符号决议

符号决议又称符号绑定、名称绑定、名称决议或者地址绑定，其实就是指用符号标识一个地址。比如 int a = 6;语句，用 a 来标识一个块，即 4 字节空间，空间里存放的内容就是 4。

（2）重定位

重新计算各个目标的地址的过程称为重定位。

（3）链接

最基本的链接为静态链接，就是将每个模块的源代码文件编译成目标文件（Linux：.o；Windows：.obj），然后将目标文件和库一起链接形成最后的可执行文件（.exe）。

1.2.2　Visual C++ 6.0 编程环境

Visual C++ 6.0 是一种 C++的集成开发环境，是工程应用中广泛使用的一种开发工具。因为 C++的基本语法是建立在 C 语言的基础之上的，因此，也可以用于 C 语言程序的开发。

下面以第一个 Hello World 小程序为例，介绍在 Visual C++ 6.0 环境下具体从编辑、编译到调试运行的基本步骤，通过熟悉和掌握 C 语言程序开发的基本步骤和方法，为今后的学习打下一个良好的基础。

① 首先，选择"开始"/"程序"/Microsoft Visual C++ 6.0命令，打开 Visual C++ 6.0软件，选择"文件"/"新建"命令，界面如图 1-3 所示。

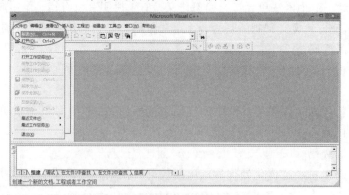

图 1-3　Microsoft Visual C++ 6.0 环境

②　弹出"新建"对话框，在"文件"选项卡选择 C++ Source File 选项，在"文件名"文本框中输入 C 语言程序的文件名，如 HelloWorld.c，再选择该文件所在的文件夹（目录），如 D:\C_SOURCE，如图 1-4 所示。

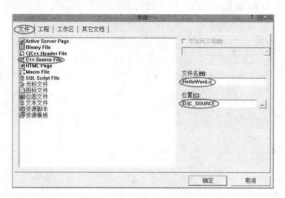

图 1-4　选择文件类型

③　在图 1-4 所示的对话框中单击"确定"按钮，即可打开程序开发环境界面，在程序编辑区输入源程序，如图 1-5 所示。

图 1-5　编辑 C 语言程序

④　源程序输入完毕后，单击 按钮，进行编译，检查程序的语法错误。如果该程序是第一次编译，会弹出一个提示框，如图 1-6 所示，这是系统对程序要求建立的项目工作空间，单击"是"按钮，系统开始对源程序进行编译。

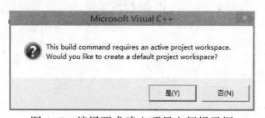

图 1-6　编译要求建立项目空间提示框

⑤　编译后，系统会给出编译报告，如图 1-7 所示。如果源程序中存在语法错误，系统会给出发生错误的可能原因，可以根据系统的提示进行修改；如果源程序没有语法错误，给

出的编译结果为"0 error(s), 0 warning(s)"。这时, 系统已生成了一个可执行文件: HelloWorld.exe。

图 1-7　C 语言程序的编译报告

⑥ 单击 ! 按钮, 运行程序, 运行结果如图 1-8 所示, 进行源程序的正确性检验。

图 1-8　程序运行结果界面

⑦ 在图 1-8 所示的界面上按任意键即可返回程序的编辑界面。

1.3　C 语言的字符集和词汇

1.3.1　字符集

字符是组成语言的最基本元素, 是一种编程语言里所有(或特定范围的)符号的总和。C 语言字符集由字母、数字、空白符、标点和特殊字符组成。

1. 字母

小写 a~z 共 26 个, 大写 A~Z 共 26 个。

2. 数字

0~9 共 10 个。

3. 空白符

空格符、制表符、换行符等统称为空白符, 空白符只在字符常量和字符串中起作用,在其他地方出现时只起间隔作用，编译程序对它们忽略不计。因此在程序中使用空白符与否，对程序的编译不产生影响，但在程序中适当的地方使用空白符将提高程序的清晰性和可读性。

4．标点和特殊字符

"，""；"等标点和"@""*"等特殊字符。

1.3.2　C 语言词汇

C 语言词汇分为 6 类：标识符、关键字、运算符、分隔符、常量、注释符。

1．标识符

在程序中使用的常量名、变量名、函数名等统称为标识符。除库函数的函数名由系统定义外，其余都由用户自定义。C 语言规定，标识符只能是字母（A ~ Z, a ~ z）、数字（0 ~ 9）、下画线（_）组成的字符串，并且其第一个字符必须是字母或下画线。例如：

sum、price12、student_id 等均为正确的标识符；

5times、day/month、low!weight 等均为不正确的标识符。

> **注意**
> ① C 语言严格区分大小写，即 ab 不等于 AB，int 为关键字，INT 为标识符。
> ② 标识符不能和 C 语言的关键字相同。
> ③ 标识符不能和用户自定义的函数或 C 语言库函数同名。

2．关键字

关键字是由 C 语言规定的具有特定意义的字符串，又称保留字，用户定义的标识符不应与关键字相同，ANSI C 规定 C 语言共有 32 个关键字，分为以下 4 大类。

① 数据类型关键字 12 个；

② 流程控制关键字 12 个；

③ 存储类型关键字 4 个；

④ 其他类型关键字 4 个。

C 语言关键字及其作用如表 1-1 所示。

表 1-1　C 语言的关键字及其作用

大 类 别	类　　型	关　键　字	作　　用
数 据 类型关键字（12 个）	基本数据类型	char、int、float、double、void	声明基本数据类型
	其他数据类型	short、long	声明整型数据的大小
		signed、unsigned	声明整型数据在正负坐标上的区间
	类型修饰关键字	struct	声明结构数据类型
		union	声明联合数据类型
		enum	声明枚举数据类型

大 类 别	类 型	关 键 字	作 用
流程控制关键字（12个）	分支结构关键字	if、else、switch、case、default	用于分支结构
	循环	for、while、do...while	用于循环结构
	其他控制关键字	continue	结束本次循环，进入下一轮循环
		break	直接跳出循环结构或分支结构
		goto	直接转起到指定的语句处
		return	返回到函数调用处
存储类型关键字（4个）		auto	声明自动变量
		extern	声明外部变量
		register	声明寄存器变量
		static	声明静态变量
其他类型关键字（4个）		const	声明只读变量
		sizeof	声明数据类型长度
		typedef	给自定义数据类型取别名
		volatile	变量在程序执行中可被隐含地改变

3. 运算符

C语言中的运算符相当丰富。运算符与变量、函数一起组成表达式，表示各种运算功能。运算符由一个或多个字符组成（详细讲解见第 2 章）。

4. 分隔符

在 C 语言中采用的分隔符有逗号和空格两种。逗号主要用在类型说明和函数参数列表中，用来分隔各个变量。空格多用于语句各单词之间，作间隔符。例如，int a 正确，inta 错误，因为后者未分隔，系统会将其作为用户标识符处理。

5. 常量

C 语言中使用的常量可分为数字常量、字符常量、字符串常量、符号常量、转义字符等多种（详细讲解见第 2 章）。

6. 注释符

C 语言的注释符有两种，一种是多行注释，是以"/*"开头并以"*/"结尾的串，在"/*"和"*/"之间的内容即为注释，可以跨越多行；第二种是单行注释，表示该行后续部分为注释。程序编译时，不对注释作任何处理。注释可出现在程序中的任何位置。注释用来向用户提示或解释程序的意义。

1.4 算 法

1.4.1 算法的概念

为了形象地表述算法的概念，先引用一个菜谱：西红柿炒鸡蛋。

第 1 步：准备两个西红柿和三个鸡蛋，一个碗，一个盆子；

第 2 步：将西红柿清洗干净，切开，放在案板上；

第 3 步：把三个鸡蛋打在碗里，打散；

第 4 步：点火，向锅里倒少许油，加热至七八成即可；

第 5 步：将鸡蛋倒入锅内，翻炒一分钟左右；

第 6 步：将西红柿倒入锅内，与鸡蛋一同翻炒一到两分钟；

第 7 步：向锅内加少量水，盖上锅盖；

第 8 步：加适量盐、味精，翻炒；

第 9 步：关火，装盘。

如果说菜谱是对厨师做菜方法的描述，乐谱是对乐队演奏方法的描述，广播体操图解是对广播体操做法的描述，那么就可以将算法理解为使用计算机解决问题的方法和步骤。

算法（Algorithm）是对特定问题求解步骤的一种描述，它是指令的有限序列，其中每一条指令表示一个或多个操作。又可以把算法定义为一组有穷规则的集合，它规定了解决某一特定类型问题的一系列运算。

算法与程序的区别是：程序与某种语言有关，能直接在机器上运行；算法与特定的语言无关，可用任何语言实现，甚至可以用自然语言实现。

1.4.2 算法的特点

算法有五大特点：

① 输入：一个算法有零个或多个输入，这些输入取自于某个特定对象的集合。

② 输出：一个算法有一个或多个输出，这些输出是同输入有着某种特定关系的量。

③ 有穷性：算法在有限的步骤之后会自动结束而不会无限循环，并且每一个步骤都在可接受的时间内完成。

④ 确定性：算法中的每一步都有确定的含义，不会出现二义性。

⑤ 可行性：算法的每一步都是可行的，也就是说每一步都能够执行有限的次数完成。

【例 1.4】求 $1+2+3+\cdots+100=?$ 有几种算法？

算法 1：依次相加：$1+2+3+\cdots+100=5050$。

算法 2：高斯解法：首尾相加 $\times 50$，$1+100=101$，$2+99=101$，$3+98=101$，$\cdots$，$50+51=101$，$101\times 50=5050$。

算法 3：使用递归实现：$\text{sum}(100) = \text{sum}(99)+100$，$\text{sum}(99)= \text{sum}(98)+99$，$\cdots$，$\text{sum}(2) = \text{sum}(1) +2$，$\text{sum}(1) = 1$。

一个问题可以有若干种算法来解决，但是什么样的算法好呢？通常设计一个"好"的算法应考虑达到以下目标：

① 正确性：算法应当能够正确地解决求解问题。

② 可读性：算法应当具有良好的可读性，以助于人们理解。

③ 健壮性：当输入非法数据时，算法也能适当地做出反应或进行处理，而不会产生莫名其妙的输出结果。

④ 效率与低存储量需求：效率是指算法执行的时间，存储量需求是指算法执行过程中所需要的最大存储空间，这两者都与问题的规模有关。

1.4.3　算法的表示

算法有不同的表示方法，常用的描述方法有自然语言、流程图、伪代码等。用自然语言来描述的算法一般只适合于比较简单的算法，对复杂算法用流程图或伪代码较为合适，另外，还有一些其他描述算法的图符，如 N-S 图、PAD 图等，但目前通用的算法描述方法是采用流程图或者伪代码。

1．自然语言

自然语言就是人们日常生活使用的语言，如汉语、英语或其他语言，其特点是通俗易懂，简单明了。但比较烦琐冗长，而且易出现歧义，如张三要李四把他的笔记本拿来。

2．伪代码

伪代码（Pseudo Code）是介于自然语言和计算机语言之间的文字和符号（包括数学符号）。

伪代码是一种非正式的类似于英语结构的用于描述模块结构图的语言。使用伪代码的目的是使被描述的算法可以容易地以任何一种编程语言（Pascal、C、Java 等）实现。因此，伪代码必须结构清晰、简单、可读性好，并且类似自然语言，介于自然语言与编程语言之间。

常用的伪代码符号有如下 7 类：

（1）算法名称

表示算法名称的伪代码有两种：过程（Procedure）和函数（Function）。

过程和函数的区别是：过程是执行一系列的操作，不需要返回操作结果，无返回数据；函数是执行一系列的操作后，要将操作结果返回，有返回数据。

算法名称伪代码的书写规则为：

```
Procedure <算法名> ([<参数列表>])
Function <算法名> ([<参数列表>])
```

例如：

Procedure Hanoi_Tower() 表示名为 Hanoi_Tower 的一个过程。

Function Fac(x) 表示名为 Fac 的一个函数。

Function Prog(n) 表示名为 Prog 的一个函数。

（2）指令序列

算法名称之后就是伪代码的指令序列，指令序列是算法的主体。

指令序列用 Begin 作为开始，用 End 作为结束；或者用 "{" 作为开始、用 "/}" 作为结束。例如：

```
Begin
    指令序列;
End
```

或者：

```
{
    指令序列；
/}
```
（3）输入/输出

输入：Input

输出：Output 或 Return

（4）分支选择

两种分支情形：

① If ＜条件＞ Then
```
    {
        指令序列；
    /}
```
如果满足条件，就执行 Then 后面的指令或指令序列，执行完再执行后续指令；否则，直接执行后续指令。

② If ＜条件＞ Then
```
    {
        指令序列1；
    /}
    else
    {
        指令序列2；
    /}
```
如果满足条件，就执行指令序列 1 执行完再执行后续指令；否则就执行指令序列 2。

（5）赋值

用:=或者←作为赋值操作符，表示将赋值号右边的值赋值给左边的变量。例如：

x:=x+1

y←x*x

上边两种表达都代表赋值，但为了保持书写风格一致，在书写算法的时候，只选择其中一种即可。

（6）循环

伪代码描述循环算法有两种方式：计数式循环和条件式循环。

① 计数式循环
```
For 变量:=初值 To 终值
{
    指令；
/}
```
循环次数为(终值-初值+1)。

② 条件式循环
```
While (条件) do
{
    指令；
/}
```
条件为真，则循环执行指令，直到条件为假。

（7）算法结束

关键字 End 后面加上算法名称，表示算法结束，是算法的最后一句。例如：

```
End Hanoi_Tower
End Fac
```
分别表示算法 Hanoi_Tower 和 Fac 结束。

伪代码只是像流程图一样用在程序设计的初期，帮助写出程序流程。简单的程序一般都不用写流程、写思路，但是复杂的代码，最好还是把流程写下来，从总体上考虑整个功能如何实现。不仅可以用来作为以后测试、维护的基础，还可用来与他人交流。

3. 流程图

流程图是人们经常用来描述算法的工具，流程图用带箭头的线条将有限个几何图形框连接而成，流程图的符号采用 ANSI 规定的一些常用符号，这些符号及其所代表的功能含义如表 1-2 所示。

表 1-2　常用的流程图符号及其功能含义

流程图符号	名　称	功　能　含　义
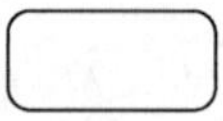 ▱	开始/结束框	代表算法的开始或结束，每个独立的算法只有一对开始/结束框
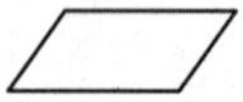 ▱	数据框	代表算法中数据的输入或者数据的输出
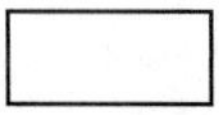 ▭	处理框	代表算法中的指令或者指令序列。通常为程序的表达式语句
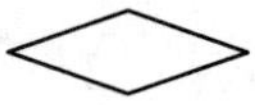 ◇	判断框	代表算法中的分支情况，判断条件只有满足和不满足两种情况
○	连接符	当流程图在一个页面画不完的时候，用它来表示对应的连接处。用中间带数字的小圆圈表示，如①
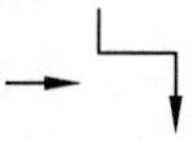 →	流程线	代表算法中处理流程的走向，连接上面的各图形框，用实心箭头表示

一般而言，描述程序算法的流程图完全可以用表 1-2 中的 6 个流程图符号来表示，通过流程线将各框图连接起来，框图和流程线的有序组合就可以构成众多不同的算法描述。为了更加简化流程图中的框图，通常将平行四边形的输入/输出框用矩形处理框来代替。

一般而言，对于结构化的程序，表 1-2 所示的 6 种符号组成的流程图只包含 3 种结构：顺序结构、分支结构和循环结构，而一个完整的算法可以通过这 3 种基本结构的有机组合来表示，掌握了这 3 种结构的流程图的画法，就可以画出整个算法的流程图。

（1）顺序结构

顺序结构是一种简单的线性结构，根据流程线所示的方向，按顺序执行各矩形框的指令。基本流程图如图 1-9 所示。

> **ⓘ 注意**
> ① 指令 A、指令 B、指令 C 可以是一条或多条指令。
> ② 执行顺序：A→B→C。

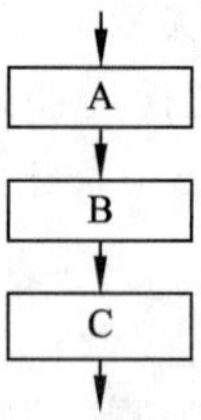

图 1-9　顺序结构流程图

（2）分支结构

分支结构要对给定的条件进行判断，看是否满足给定的条件，根据条件结果的真假而分别执行不同的执行框，基本流程图如图 1–10 所示。

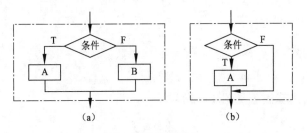

图 1–10 分支结构流程图

注意

① 虚线框表示可将分支结构看成一个矩形处理框。

② 指令 A、指令 B 可以是一条或多条指令，也可以是分支结构。

（3）循环结构

循环结构是在条件为真的情况下，重复执行某个执行框中的内容。基本流程图如图 1–11 所示。图 1–11（a）为 while 循环流程图，图 1–11（b）为 do...while 循环流程图。

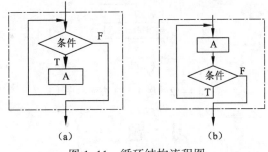

图 1–11 循环结构流程图

注意

① 虚线框表示可将循环结构看成一个矩形处理框。

② 指令 A 称为循环体，可以是一条或多条指令，也可以是其他分支或循环结构。

③ do...while 结构可以转换成 while 结构。

4．算法设计范例

【例 1.5】输入 3 个数，打印输出其中最大的数。分别用自然语言、伪代码和流程图描述算法。

（1）用自然语言描述算法

① 输入 3 个数 a、b、c。

② 比较 a 和 b，如果 a>b，则把 a 赋值给变量 Max；否则把 b 赋值给变量 Max。

③ 比较 c 和 Max，如果 c>Max，则把 c 的值赋值给变量 Max。

④ 输出结果 Max。

（2）用伪代码描述算法

```
Function Maximum(a,b,c)
```

```
Begin（算法开始）
输入 a, b, c
IF a>b 则 a→Max
否则 b→Max
IF c>Max 则 c→Max
Print Max
End （算法结束）
```

（3）用流程图描述算法（见图 1-12）

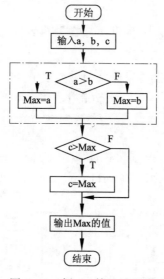

图 1-12　例 1.5 算法流程图

习　题　一

1. 查阅文献，了解 C 语言的发展过程以及 ANSI C 是如何形成的。

2. 一个 C 语言程序可由哪些部分组成？

3. 安装 Visual C++ 6.0 集成开发工具，输入本章中的例题程序，再对程序进行编译、运行，了解程序的开发过程。

4. 什么是算法？它和计算机程序有何区别？算法的表示方法有几种？分别有什么优缺点？

5. 分别用自然语言、流程图和伪代码设计算法：几何级数求和 sum=1+2+3+4+5+…+(n-1)+n。

第 2 章
C 语言程序的基本语法

数据是程序中最基本的元素，是程序进行处理的对象。任何一种数据都有自身的属性，即数据值和数据类型。凡是在程序中出现的数据，都要规定其数据类型。本章主要介绍 C 语言的基本数据类型以及运算符和表达式，重点学习变量的定义和使用方法以及表达式的书写，为后续章节的学习打下良好的基础。

 ## 2.1　基本数据类型

在 C 语言中数据表示主要体现为数据类型。C 语言要求在定义所有数据的时候都要指定数据的类型。C 语言提供了如下 5 种基本数据类型。

① 字符型：用 char 表示。

② 整数型：用 int 表示。

③ 单精度实数型：用 float 表示。

④ 双精度实数型：用 double 表示。

⑤ 空类型：用 void 表示。

在计算机运算时，数据存放在内存的存储单元中，存储单元是由有限的字节构成的。在 C 语言中，通过指定数据类型来指定该数据所占的内存单元数，而数据所占的内存单元数决定了数据的取值范围。数据类型的长度和取值范围又会由于机器的 CPU 类型和编译器的不同而不同。表 2-1 所示为几种常见的 C 编译器对几种基本数据类型定义的字节长度。

表 2-1　基本数据类型在不同编译环境下的长度

数据类型	编译环境 字节长度				
	Turbo C	Borland C++	Dev C++	GCC	Visual C++
char（字符型）	1	1	1	1	1
short int（短整型）	2	2	2	2	2
int（整型）	2	2	4	4	4
long int（长整型）	4	4	4	4	4

续表

数据类型	编译环境	字 节 长 度				
		Turbo C	Borland C++	Dev C++	GCC	Visual C++
float（单精度浮点型）		4	4	4	4	4
double（双精度浮点型）		8	8	8	8	8

1．整型

整型是用来表示整数的数据类型包括基本整型（int）、短整型（short int）和长整型（long int）三种。每种整型又分为有符号型（signed）和无符号型（unsigned）。

在 Visual C++ 6.0 编译环境下，基本整型占 4 字节，短整型占 2 字节，长整型占 4 字节。

在实际应用中，声明无符号数据，需在数据类型前加 unsigned。如 unsigned int x;即声明 x 为无符号整型变量。

2．实型（浮点型）

实型是用来表示实数的数据类型。主要分为单精度类型和双精度类型。单精度类型用关键字 float 表示，一般占 4 字节。双精度类型用关键字 double 表示，一般占 8 字节。

3．字符型

字符型是用来处理字符数据的数据类型，在内存中存放的是该字符的 ASCII 码。基本字符类型用关键字 char 表示，占 1 字节。

4．空类型

空类型用关键字 void 表示，字面意思是"无类型"。void 几乎只有注释和限制程序的作用，比如对函数返回的限定和对函数参数的限定。

基本数据类型可带有各种修饰前缀。修饰符用于明确基本数据类型的含义，以准确地适应不同情况下的要求。类型修饰符有如下几种：

signed（有符号）、unsigned（无符号）、long（长型）、short（短型）。

这几种类型修饰符主要用于整型（int）和字符型（char），一般不用于修饰实数型。例如，修饰符 unsigned 和 int 可以组成 unsigned int，即无符号整型；修饰符号 long 和 int 可以组成 long int，即长整型。表 2-2 所示为 ANSI C++标准中规定的基本数据类型的字节长度和取值范围。

表 2-2　ANSI C++标准中的数据类型和长度

名　称	关　键　字	存储字节(位)数	取 值 范 围	精度
整型	int	4(32)	−2 147 483 648 ~ +2 147 483 647	1
有符号整型	signed int	4(32)	−2 147 483 648 ~ +2 147 483 647	1
无符号整型	unsigned int	4(32)	0 ~ 4 294 967 295	1
短整型	short int	2(16)	−32 768 ~ 32 767	1
有符号短整型	signed short int	2(16)	−32 768 ~ 32 767	1
无符号短整型	unsigned short int	2(16)	0 ~ 65 535	1
长整型	long int	4(32)	−2 147 483 648 ~ +2 147 483 647	1
有符号长整型	signed long int	4(32)	−2 147 483 648 ~ +2 147 483 647	1

续表

名　称	关　键　字	存储字节(位)数	取　值　范　围	精度
无符号长整型	unsigned long int	4(32)	0 ~ 4 294 967 295	1
单精度型	float	4(32)	$\pm 3.4 \times 10^{\pm 38}$	10^{-38}
双精度型	double	8(64)	$\pm 1.7 \times 10^{\pm 308}$	10^{-308}
字符型	char	1(8)	−128 ~ 127	1
有符号字符型	signed char	1(8)	−128 ~ 127	1
无符号字符型	unsigned char	1(8)	0 ~ 255	1

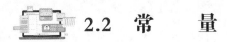

2.2　常　量

常量是在程序执行过程中其数值不发生变化的量。C 语言中有以下几种常量：整型常量、实型常量、字符型常量、符号常量等。

2.2.1　整型常量

整型常量用来表示整数，即没有小数点的数。

1. 整型常量的表示

整型常量可以用十进制、八进制和十六进制形式来表示。

（1）十进制整型常量

十进制整型常量是以 10 为基底的数，以非 0 开头，后随数字 0 ~ 9 所表示的数字串。例如，101、230、23333 等是十进制整数，而 0101 不是十进制整数。

（2）八进制整型常量

八进制整型常量是以 8 为基底的数，其形式是以数字 0 开头，后随数字 0 ~ 7 所表示的数字串。如 0101 表示八进制数 101，其对应的十进制数为 $1 \times 8^2 + 0 \times 8^1 + 1 \times 8^0 = 65$。

（3）十六进制整型常量

十六进制整型常量是以 16 为基底的数，形式是以 "0x" 或 "0X" 开头的十六进制数字串，数字串中只能含有 0 ~ 9 十个数码和 A、B、C、D、E、F 六个字母。例如，0x21 表示十六进制数 21，其对应的十进制数为 $2 \times 16^1 + 1 \times 16^0 = 33$。

2. 无符号整型和长整型的表示

（1）无符号整型常量

整型常量后面加上小写字母 u 或者大写字母 U 为无符号整型常量。

（2）长整型常量

长整型常量一般占 4 字节，若用长整型常量表示 1000000，就是在原有的数字后面加上小写字母 l 或者大写字母 L，即用 1000000L 表示。表 2-3 所示为整型常量的几种表示方法。

表 2-3　整型常量的几种表示方法

整　型　常　量	进　制	十进制数值
19	十进制	19
021	八进制	17

整型常量	进制	十进制数值
0X19	十六进制	25
19L 或 19l	十进制	19
19LU 或 19lu	十进制	19

注：对无符号的长整型常量，数值后面的两个字母 l 和 u 的大小写没有限制，如 19LU、19lu、19lU、19Lu 意义是一样的。

【例 2.1】整型常量的不同进制表示法示例。

```
#include <stdio.h>
void main()
{
    printf("十进制 65 的十进制值为： %d\n",65);
    printf("十进制 65 的八进制值为： %o\n",65);
    printf("十进制 65 的十六进制值为： %x\n",65);
    printf("十六进制 0x41 的十进制值为：%d\n",0x41);
    printf("八进制 0101 的十进制值为：%d\n",0101);
}
```

【运行结果】

```
十进制 65 的十进制值为： 65
十进制 65 的八进制值为： 101
十进制 65 的十六进制值为： 41
十六进制 0x41 的十进制值为： 65
八进制 0101 的十进制值为： 65
```

2.2.2 实型常量

实型常量又称浮点型常量，用来表示有小数点的数，例如 123.456。实型常量包括两种，单精度实型常量（float）和双精度实型常量（double），默认的实型常量是 double 类型，一般占 8 字节。

实型常量有两种表示方法：浮点数形式和指数形式。

1. 浮点数形式

浮点数形式由整数部分（如果是 0 则可以省略）、小数点和小数部分构成。例如，−2.7、1.0、0.12343、−18.0 都是实型常量。

注意

2.0 是实型常量，不是整型常量。

2. 指数形式

指数形式由尾数部分、字母 E（e）和指数部分组成。例如，5.6e3 表示的是 $5.6×10^3$，1.23E−3 表示的是 $1.23×10^{-3}$。要求 E（e）前必须有数字，E（e）后必须是整数。

一般情况下，太大或太小的数采用指数形式表示。

【例 2.2】了解实型常量的两种表示法。

```
#include <stdio.h>
void main()
{
```

```
    printf("123.456的浮点数表示: %6f\n",123.456);
    printf("1.23456E2的浮点数表示: %6f\n",1.23456E2);
    printf("12345.6E-2的浮点数表示: %6f\n",12345.6E-2);
    printf("12345.6的指数表示: %E\n",12345.6);
}
```

【运行结果】

123.456 的浮点数表示: 123.456000

1.23456E2 的浮点数表示: 123.456000

12345.6E-2 的浮点数表示: 123.456000

12345.6 的指数表示: 1.234560E+004

2.2.3　字符型常量

字符型常量包括字符常量、字符串常量和转义字符。

1. 字符常量

字符常量是由一对单引号括起来的单个字符，如: 'a'、'B'、'9'、'&' 等均为字符常量。在 C 语言中，字符是按其所对应的 ASCII 码值来存储的，一个字符占 1 字节。例如，大写字母'A'的 ASCII 码值是十进制数 65，即在内存中存储的是 ASCII 码的值 65，当然，在实际计算机存储中是以二进制形式存储的。

表 2-4 所示为部分字符所对应的 ASCII 码值。

表 2-4　部分字符的 ASCII 码值

字　　符	0	1	9	A	B	Y	Z	a	b	y	z	…
ASCII 码值（十进制）	48	49	57	65	66	89	90	97	98	121	122	…

注: 关于所有字符及其对应的 ASCII 码值详见附录 A。

这里需要强调一下数字和字符的区别，以数字 9 和字符 '9' 为例，前者为整型常量，在 Visual C++编译环境下占 4 字节；后者为字符常量，占 1 字节，但'9'的值为 57。

C 语言中的字符常量是按顺序存储在 ASCII 码表中的，它的有效范围是 0~127，因此字符在 ASCII 码表中的顺序值也可以像整数一样在程序中参与运算，但要注意不要超出它的有效范围。例如:

'A'+6 运算结果为 71，对应的字符为'G'。

'9'-7 运算结果为 50，对应的字符为'2'。

'b'-32 运算结果为 66，对应的字符为'B'。

【例 2.3】了解字符常量与其顺序值的关系。

```
#include <stdio.h>
void main()
{
    printf("%d-->%c\n",'A','A');
    printf("%d-->%c\n",'A'+7,'A'+7);
    printf("%d-->%c\n",'A'+32,'A'+32);
    printf("%d-->%c\n",'A'+80,'A'+80);
}
```

【运行结果】

65-->A

```
72-->H
97-->a
145-->?
```

【程序说明】

① printf 函数中，格式控制符 "%c" 的含义是将对应参数的值按字符型输出，格式控制符 "%d" 的含义是将对应参数的值按十进制整型输出。

② 第四个 printf 函数中，由于'A'的 ASCII 码值是 65，65+80=145，超出了 127 的表示范围，所以以字符型格式 "%c" 输出时，出现不可预料的错误。

2. 字符串常量

字符串常量是用一对双引号 """" 括起来的单个字符或者一串字符，例如"a"、"Hello"、"welcome!"。字符串常量中的每个字符以其 ASCII 码值的二进制形式顺次存储在内存中，并且系统自动在该字符串末尾加一个"字符串结束标志"——NULL 或者'\0'(ASCII 码值为 0)，标志字符串的结束。例如，字符串"Hello"在内存中存储的字符序列为：

'H'	'e'	'l'	'l'	'o'	'\0'

每个字符占 1 字节空间。所以字符串"Hello"的长度是 5 个字符，占用 6 字节的存储空间。

要注意字符与字符串常量的区别，除了表示形式不同外，其存储性质也不相同，例如常量'a'是字符串常量，而"a"是字符串常量，它们占用的存储空间不同。字符常量'a'占 1 字节：

'a'

而字符串常量"a"占 2 字节：

'a'	'\0'

3. 转义字符

转义字符是 C 语言中表示字符的一种特殊形式，用反斜线 "\" 和特定的字符组合表示，用来表示 ASCII 字符集中不可打印的控制字符和特定功能的字符，如单引号（'）、双引号（"）和反斜杠（\）等。

转义字符以\或者\x 开头，以\开头后跟特定的字符或八进制形式的编码值，以\x 开头后跟十六进制形式的编码值。对于转义字符来说，只能使用八进制或者十六进制。常用的转义字符如表 2-5 所示。

表 2-5　转义字符表

代　码	含　义	ASCII 码值
\0	空字符（NULL）	000
\a	响铃	007
\b	退格	008
\t	水平制表 tab	009
\n	换行	010
\v	纵向制表	011
\f	换页	012
\r	回车	013
\"	双引号	034

续表

代　码	含　义	ASCII 码值
\'	单引号	039
\?	问号	063
\\	反斜线	092
\ddd	任意字符	1~3 位八进制数
\xhh	任意字符	1~2 位十六进制数

注:

① 转义字符中的字母只能是小写字母,每个转义字符只能看作一个字符。

② 表 2-5 中的\r、\v 和 \f 对屏幕输出不起作用,但会在控制打印机输出执行时响应其操作。

③ 在程序中,使用不可打印字符时,通常用转义字符表示。

④ 在字符常量中使用单引号 (')和反斜杠 (\)以及在字符串常量中使用双引号 (")和反斜杠 (\)时,都必须使用转义字符表示,即在这些字符前加上反斜杠,例如,'\''和'\\'代表单个字符单引号 (')和反斜杠 (\)。

【例 2.4】在屏幕上输出一些字符串,了解转义字符的作用。

```
#include <stdio.h>
void main()
{
    printf("a\\bc\"");
    printf("\n 语文\n 数学\n");
    printf("\x41\t\101\n");
    printf("a");
}
```

【运行结果】

```
a\bc"
语文
数学
A       A
a
```

2.2.4　符号常量

在 C 语言中,常量可以用符号代替,代替常量用的符号称为符号常量。符号常量在使用之前必须预定义,其定义的一般格式为:

```
#define <符号常量名> <常量>
```

例如:

```
#define PI 3.1415926
#define TRUE 1
#define FALSE 0
```

PI、TRUE、FALSE 均为符号常量,其值分别为 3.1415926、1、0。

符号常量定义一般写在程序最前面。符号常量一经定义,就可以在程序中代替常量使用,且在程序中不允许修改它的值。

ℹ️ **注意**

① #define 是 C 语言的预处理命令。在程序编译过程中，程序中出现的符号常量要被已定义的常量替换，比如程序中出现的 PI 会被 3.1415926 替换。

② 习惯上符号常量用大写英文字母表示。

【例 2.5】编写程序求圆的周长和面积，利用符号常量表示圆周率 π。

```c
#include <stdio.h>
#define PI 3.1415926
void main()
{
    float r,c,area;
    printf("input r:");
    scanf("%f",&r);
    c=2*PI*r;
    area=PI*r*r;
    printf("c=%f,area=%f\n",c,area);
}
```

【运行结果】

```
input r:5
c=31.415926,area=78.539815
```

使用符号常量的好处有以下几点：

① 一般对符号常量的命名要"见名知意"，可以根据其名字直接知道它的实际意义，这样可以提高程序的可读性。比如前面定义的符号常量名 PI，表示圆周率 3.1415926。

② 符号常量一旦被赋值后是不能再重新被赋值的，可以避免在后面的编程中产生错误。

③ 由于使用了符号常量来代替数值，可以只更改符号常量的赋值就可实现全部数值的变更。

2.3 变　　量

与常量相对应，变量是在程序运行过程中可以被重新赋值、改变其存储内容的量。每个变量对应一段特定的计算机内存，由一个或者多个连续的字节构成。

在 C 语言中，任何变量在使用之前都需要对其进行定义，指定变量名和数据类型，未做类型说明的变量编译时会出错。

变量说明语句的一般形式为：

<数据类型名> <变量名列表>；

<数据类型名>必须是有效的 C 数据类型，如 int、float 等，类型名规定了变量所占有的存储空间和取值范围。

<变量名列表>可以是一个或多个由逗号分隔的标识符名构成。每个变量有一个名称，称为变量名。变量用标识符命名，是程序引用变量的标志，程序可以通过变量名引用变量所占的内存，读取这段内存中的数据，或者在这段内存中存放一个新的数据值。要注意变量的命名必须符合 C 语言标识符的命名规则。例如：

```c
int a;
float r,area;
```

```
char ch1,ch2;
```

以上代码定义了一个整型变量 a，两个 float 类型的变量 r 和 area，两个 char 类型的变量 ch1 和 ch2。即变量名表可以是一个变量，也可以是多个由逗号分隔的变量。定义变量的语句必须以分号";"结束。

变量正确定义之后必须赋值才能使用，即使用变量运算之前必须确保变量有值。在 C 语言中可以在定义变量的同时对变量赋初值，其通用格式为：

数据类型名　变量名 1=初值 1,变量名 2=初值 2,…;

例如：

```
int a=1;
float r=1.0,area;
```

2.3.1　整型变量

1．整型变量声明格式

格式：int 变量名列表;

举例：int a,b,c;

作用：定义了 3 个整型变量，分别是 a、b、c。

需要注意的是，不同的编译系统分配给 int 类型数据的字节长度可能不同，例如，Turbo C 2.0 为每个整型变量分配 2 字节内存空间，而 Visual C++ 6.0 为每个整型变量分配 4 字节内存空间。

2．整型变量在内存中的存储格式

以 Turbo C 2.0 为例，整型变量在内存中占 2 字节，即 16 位。在存储单元中的存储方式是：用整数的补码形式存放。

但是，正负数的补码求法不同。要想了解这个问题，先要了解计算机中整数存放的形式，对于整型变量的 2 字节，用最高位表示符号位，0 代表正，1 代表负。

正数的补码是它本身。例如，12 的补码就是它的二进制形式，又称原码，如下：

0	0	0	0	0	0	0	0	0	0	0	0	1	1	0	0

负数的补码求法：以–12 为例求解。首先，去掉符号位，得到 12 的原码如下：

0	0	0	0	0	0	0	0	0	0	0	0	1	1	0	0

其次，取反后得到反码：

1	1	1	1	1	1	1	1	1	1	1	1	0	0	1	1

最后，将反码加 1 可以得到–12 的补码：

1	1	1	1	1	1	1	1	1	1	1	1	0	1	0	0

3．整型变量的分类

（1）短整型

短整型用关键字 short int 或者 short 表示，Visual C++ 6.0 编译系统中分配给 short int 数据 2 字节内存空间，存储方式与 int 类型一样。

（2）长整型

长整型用关键字 long int 或者 long 表示，Visual C++ 6.0 编译系统中分配给长整型 4 字节内存空间。

（3）整型变量的分类

整型变量主要有以下几种类型，如表 2-6 所示。

表 2-6　整型数据的存储空间和取值范围

类　　型	字　节　数	取　值　范　围
int（Turbo C 中）（基本整型）	2	-32 768 ~ 32 767
int（Visual C++ 6.0 中）（基本整型）	4	-2 147 483 648 ~ 2 147 483 647
unsinged int（Turbo C 中）（无符号基本整型）	2	0 ~ 65 535
unsinged int（Visual C++ 6.0 中）（无符号基本整型）	4	0 ~ 4 294 967 295
short int（短整型）	2	-32 768 ~ 32 767
unsigned short（无符号短整型）	2	0 ~ 65 535
long（长整型）	4	-2 147 483 648 ~ 2 147 483 647
unsigned long（无符号长整型）	4	0 ~ 4 294 967 295

注：int 类型和 unsigned int 类型在 Turbo C 和 Visual C++ 6.0 编译系统中分配的字节数不同，未加说明的类型则两种编译系统是一致的。

【例 2.6】运行下面的程序，了解整型变量的取值范围和 C 语言的特性。

```c
#include <stdio.h>
void main()
{
    int a=32766,b=-32766;
    printf("a=%d\n",a);
    printf("b=%d\n",b);
    a=a+3;
    b=b-3;
    printf("After change:\n");
    printf("a+3=%d\n",a);
    printf("b-3=%d\n",b);
}
```

【Visual C++ 6.0 环境下运行结果】
```
a=32766
b=-32766
After change:
a+3=32769
b-3=-32769
```
【Turbo C 2.0 环境下的运行结果】
```
a=32766
b=-32766
After change:
a+3=-32767
b-3=32767
```

【程序说明】在 Visual C++ 6.0 环境下，编译没有任何问题，而且结果也是正确的，但是在 Turbo C2.0 中编译这个程序虽然不会有任何语法错误，但出现了不正确的运行结果，也就是说，当变量的值超出它所允许的范围时，计算结果会出错。

【例 2.7】求两个整型数的和。

```c
#include <stdio.h>
void main()
{
    int a,b,k;
    a=2;
    b=4;
    k=a+b;
    printf("a=%d,b=%d,k=%d\n",a,b,k);
    a=3;
    b=6;
    k=a+b;
    printf("a=%d,b=%d,k=%d\n",a,b,k);
}
```

【运行结果】

```
a=2,b=4,k=6
a=3,b=6,k=9
```

【程序说明】由于 a、b、k 均为变量，因此在程序运行过程中这些变量所在存储空间的数据是可以变化的，并且每次读取时都将获取到最新值。

2.3.2　实型变量

1．实型变量的声明格式

<数据类型名> <变量名表>；

实型变量主要分两种：一种是单精度类型，关键字为 float，一般占 4 字节内存空间；另一种是双精度类型，关键字为 double，一般占 8 字节内存空间。

单精度型变量定义的形式举例如下：

```c
float x,y;
```

双精度型变量定义的形式举例如下：

```c
double a,b,c;
```

说明：以上两条语句定义了两个 float 类型的变量 x 和 y，定义了 3 个 double 类型变量 a、b 和 c。

2．实型变量应用举例

【例 2.8】求两个实型数的和。

```c
#include <stdio.h>
void main()
{
    double a,b,k;
    a=2.5;
    b=4.3;
    k=a+b;
    printf("a=%lf ,b=%lf,k=%lf",a,b,k);
}
```

【运行结果】

```
a=2.500000 ,b=4.300000,k=6.800000
```

【例 2.9】浮点数运算举例。

```
#include <stdio.h>
void main()
{
    float t=3.4e+37;
    printf("t=%e\n",t);
    t=t*10;
    printf("After change:\n");
    printf("t*10=%e\n",t);
}
```

【运行结果】

```
t=3.400000e+037
After change:
t*10=3.400000e+038
```

2.3.3　字符变量

字符变量用来存放字符数据，一个字符变量只能存放一个字符型常量。定义格式如下：

char <变量名表>;

例如：char c1,c2;

将一个字符常量存放到一个字符变量中，实际上是把该字符的 ASCII 码放到该变量对应的存储单元中，它的存储形式与整型数据的存储形式类似。

例如：c1='a'; c2='b';

注意

C 语言规定字符型数据和整型数据之间可以通用。

【例 2.10】将小写字母转换为大写字母，并输出对应的 ASCII 码值。

```
#include <stdio.h>
void main()
{
    char c1,c2;
    printf("Please enter lower case letters:\n");
    scanf("%c%c",&c1,&c2);
    c1=c1-32;
    c2=c2-32;
    printf("%c\t%c\n",c1,c2);
    printf("%d\t%d\n",c1,c2);
}
```

【运行结果】

```
Please enter lower case letters:
ab
A       B
65      66
```

 小思考

例 2.10 中是输入了小写字母可以输出大写字母，如果要输入大写字母输出小写字母，程序应该如何改写？

2.4　各类数值型数据之间的混合运算

在 C 语言程序中，经常需要对不同类型的数据进行运算，而且 C 语言的语法规则允许同一个表达式中混合有不同类型的常量和变量，所以为了解决数据类型不一致的问题，需要对数据的类型进行转换。例如一个浮点数和一个整数相加，必须先将两个数转换成同一类型。C 语言程序中的类型转换可分为隐式和强制类型转换两种。

1. 隐式类型转换

所谓隐式类型转换指的是系统自动将取值范围小的数据类型转换为数据取值范围大的数据类型，它是由系统自动转换完成的。例如，将 int 类型和 double 类型的数据相加，系统会将 int 类型的数据转换为 double 类型的数据，再进行相加操作，具体示例如下：

```
int num1=12;
double num2=10.5;
num1+num2;
```

上述示例代码中，由于 double 类型的取值范围大于 int 类型，因此，将 int 类型的 num1 与 double 类型的 num2 相加时，系统会自动将 num1 的数据类型由 int 转换为 double 类型，从而保证数据的精度不会丢失，所以 num1+num2 的结果为 22.5。

隐式类型转换中的一些注意事项如下：

① 若参与运算量的类型不同，则先转换成同一类型，然后进行运算。

② 转换按数据长度增加的方向进行，以保证精度不降低。转换的规则是：存储长度较短的转换成存储长度较长的，且不丢失数据。具体如下：

char→short→int→unsigned int(→long→unsigned long)→double

③ 若两种类型的字节数相同，且一种有符号，一种无符号，则转换成无符号类型。

④ 所有的浮点运算都是以双精度进行的，即使仅含 float 单精度量运算的表达式，也要先转换成 double 型，再作运算。

⑤ char 型和 short 型参与运算时，必须先转换成 int 型。

⑥ 赋值运算中，赋值号两边量的数据类型不同时，赋值号右边量的类型将转换为左边量的类型。如果右边量的数据类型长度比左边长时，会丢失一部分数据。

【例 2.11】思考以下程序的输出结果，了解隐式类型转换。

```c
#include <stdio.h>
void main()
{
    int a=-6;
    unsigned int b=1;
    if(a+b>0)
    {
        printf("yes\n");
    }
    else
    {
        printf("no\n");
    }
    return 0;
}
```

【运行结果】

```
yes
```

2．强制类型转换

所谓强制类型转换指的是使用强制类型转换运算符，将一个变量或表达式转换成所需的类型，其基本语法格式如下所示：

```
(数据类型名)<表达式>；
(数据类型名)<变量>；
```

强制转换语法规则：将表达式或变量的值临时转换成圆括号内指定的数据类型，但不改变变量原来的数据类型。

假设有：

```
int a;
float t;
a=15;
t=(float) a/30;
```

结果为：t=0.5；若表达式为 t=a/30，则结果为：t=0。思考一下为什么。

 ## 2.5 基本运算符和表达式

　　C 语言的基本表达式是由操作数和操作符组成的。操作数通常用变量或常量表示，操作符用各种运算符表示。一个基本表达式也可以作为操作数来构成复杂表达式。

　　构成基本表达式的常用运算符有：算术运算符、关系运算符、逻辑运算符、赋值运算符。另外，条件运算符、自反赋值运算符、逗号运算符、指针运算符、位运算符等均可构成基本表达式。

2.5.1 算术运算符与算术表达式

　　算术运算符主要用于完成变量的算术运算，如加、减、乘、除等。各运算符的优先级、功能及示例如表 2-7 所示。

表 2-7　算术运算符

运 算 符	优 先 级	功 能	示 例
++	高（14）	自增 1（变量的值加 1）	i++或++i
--		自减 1（变量的值减 1）	i--或--i
*	中（13）	乘法	2*a
/		除法	12/3
%		模运算（整数相除，结果取余数）	15%4
+	低（12）	加法	2+3
−		减法	2−3

注：

① 乘号不能省略。例如，xy 是标识符，乘法形式是 x*y。

② 如果参与除法（/）运算的两个变量均为整型，则结果为整除取整，否则结果就为浮点数。例如，12/5 的值为 2；而 12/5.0 的值为 2.4。

③ 模运算（%）只能对整型数据进行运算。余数符号与被除数相同。例如，−12%5 值为−2，1%2

值为 1。

④ 表中优先级一列中的数字代表优先级别，数字越大优先级越高，以后运算符表格里的优先级一列中的数字含义相同。

⑤ C 语言共有 44 个运算符，本节只介绍一部分常用运算符，还有一些会在后续章节中陆续介绍，关于所有运算符的优先级与结合方向详见附录 B。

1．一般算术运算符

一般算术运算符包括加、减、乘、除和求余运算。

【例 2.12】一般算术运算符举例。

```c
#include <stdio.h>
void main()
{
    int r,x=17,y=6;
    r=x%y;
    printf("x=%d,y=%d\n",x,y);      //输出 x 和 y 的值
    printf("x+y=%d\n",x+y);         //加法举例
    printf("x-y=%d\n",x-y);         //减法举例
    printf("x*y=%d\n",x*y);         //乘法举例
    printf("x/y=%d,r=%d",x/y,r);    //除法举例
}
```

【运行结果】

```
x=17,y=6
x+y=23
x-y=11
x*y=102
x/y=2,r=5
```

【例 2.13】多种算术运算符组成的复杂表达式举例。

```c
#include <stdio.h>
void main()
{
    int a,b,c,d1,d2,d3,d4;
    double x,y,z1,z2,z3;
    a=7;
    b=3;
    c=10;
    d1=a+b*c-b/a+b%c*a;         // 复杂表达式 1
    d2=a+(b*c)-(b/a)+(b%c*a);   // 复杂表达式 2
    printf("d1=%d, d2=%d\n",d1,d2);
    d3=a/b;
    d4=c%b;
    printf("7/3=%d, 10%%3=%d\n",d3,d4);
    x=2.0;
    y=1.5;
    z1=x+y/x-y;                 // 复杂表达式 3
    z2=x+(y/x)-y;               // 复杂表达式 4
    printf("z1=%f, z2=%f\n",z1,z2);
    z3=y/b;
    printf("1.5/3=%f\n",z3);
}
```

【运行结果】

```
d1=58, d2=58
7/3=2, 10%3=1
z1=1.250000, z2=1.250000
1.5/3=0.500000
```

【程序说明】

（1）注意运算优先级

对于复杂表达式的运算，编译程序会按运算符的优先级别来处理。对优先级相同的运算符按从左到右的顺序进行计算，对优先级不同的运算符按从高到低的顺序进行运算。

（2）用括号提高可读性

在使用运算符的过程中，不提倡在一个表达式中出现很多运算符，这样很难准确地表达真实的意图，如果一定要在程序中使用复杂表达式，建议采用圆括号的形式将复杂表达式明确地分解成按指定的顺序计算，这有助于培养良好的程序设计风格。比如在上面的程序中，可以看到在计算 d1 和 d2 的表达式中，使用了同样的运算符和变量，但计算 d1 的复杂表达式 1 的可读性明显低于计算 d2 的复杂表达式 2，计算 z1 和 z2 的复杂表达式也存在同样的问题，通过使用圆括号可以提高程序的可读性。

2．自增/自减运算符

C 语言中有两个很有用且使用比较频繁的运算符，分别是自增和自减运算：++和--。

运算符"++"是自增运算符，它的作用是给变量加 1。它有两种形式，一种是把运算符放在变量之前，称为"前置运算"，例如"++i"，另一种是把运算符放在变量之后，称为"后置运算"，例如"i++"。

前置++和后置++的语法规则如下：

① ++<变量>：先将变量的值加 1，再使用变量。

② <变量>++：先使用变量，再将变量的值加 1。

运算符"--"是自减运算符，它的作用是给变量减 1。它有两种形式，一种是把运算符放在变量之前，称为"前置运算"，例如"--i"，另一种是把运算符放在变量之后，称为"后置运算"，例如"i--"。

前置--和后置--的语法规则如下：

① --<变量>：先将变量的值减 1，再使用变量。

② <变量>--：先使用变量，再将变量的值减 1。

【例 2.14】i++与++i 的区别举例。

程序 1：后置自增运算

```c
#include <stdio.h>
void main()
{
    int i=1,j;
    i++;
    j=i++;          //j 先赋值为 i，然后 i 自增
    printf("i=%d\tj=%d\n",i,j);
}
```

【运行结果】

i=3　　　j=2

程序 2：前置自增运算

```
#include <stdio.h>
void main()
{   int i=1,j;
    ++i;
    j=++i;      //i先自增，然后j赋值为i
    printf("i=%d\tj=%d\n",i,j);
}
```

【运行结果】

i=3　　　j=3

在使用自增运算符和自减运算符的过程中要注意以下几个方面：

① 所有自增运算符的所有语法规则同样适合于自减运算符，两者的运算对象可以是整型变量也可以是实型变量。

② 单独作为表达式时，++a、a++这两个表达式执行完以后，都会使 a 的值增加 1，相当于：a=a+1。

③ j=i++;相当于两条语句的作用：j=i;i=i+1;。

④ ++和−−运算符不能用于常量中，如++3;、17.8−−;等都是错误的表达式。

⑤ 这两种运算符经常用到循环语句中，对循环变量增 1 或减 1，以控制循环的执行次数。

⑥ 建议不要随意滥用自增、自减运算符，以避免含糊不清的表达，如++a++;、−−++a;、a+++++b 都是错误的表达式，但(a++)+(++b)是正确的。程序设计的一个重要原则是：要尽可能地用最简洁的语句来表达程序设计的思想。所以为了避免错误的发生，建议在函数的参数中不要使用表达式。

⑦ 使用算术运算符时要注意优先级和结合性两方面的问题。算术运算符的优先级的顺序如下："++、−−"高于"*、/、%"高于"+、−"。

2.5.2　赋值运算符与赋值表达式

赋值操作是程序设计中最常用的操作之一，C 语言共提供了 11 个赋值运算符，均为二元运算符，其中仅有一个为基本赋值运算符=，其余 10 个均是复合赋值运算符。

1．基本赋值运算符

基本赋值运算符：=

如 int a=5; 表示把 5 赋值给整型变量 a，不能读成 "a 等于 5"。赋值号左边必须为可以变化的量，一般为变量。赋值号右边的右值可以为常量、变量或表达式。

如下赋值均是正确的：

```
int a,b; //定义整型变量a和b
a=3; //把常量3赋值给a，右值为常量
b=a; //把变量a的值赋给b，右值为变量
b=a+3; //把求和表达式a+3的值赋给b，右值为表达式
```

以下赋值均是错误的：

```
int a;
3=a; //错误，常量3不能作为左值
```

```
#define b=5 //定义符号常量b，并初始化为5，在后面的程序中b的值不能被改变
b=1; //错误，企图改变符号常量的值，即符号常量不能作左值
```

2. 复合赋值运算符

C语言相对于其他编程语言，在赋值运算符当中，有一类独有的赋值运算符，它们将"算术运算"和"赋值"两个动作结合在一起，称为复合赋值运算符（或算术运算赋值）。它们实际上是一种缩写形式，使得对变量的改变更为简洁。

复合赋值运算符有：+=（加赋值）、-=（减赋值）、*=（乘赋值）、/=（除赋值）、%=（求余赋值），如表2-8所示。

表 2-8 复合赋值运算符

运 算 符	表达式示例	运 算 关 系
+=	a+=3	a=a+3
-=	b-= c	b=b-c
*=	a* =2	a=a*2
/=	s/=t	s=s/t
%=	a%=5	a=a%5

注：除了表2-8中的复合赋值运算符，还有和位运算有关的赋值运算符，如<<=（左移赋值）、>>=（右移赋值）、&=（按位与赋值）、|=（按位或赋值）、^=（按位异或赋值），具体将在第11章中讲述。

> **注意**
> ① 赋值运算的左值必须是一个变量。
> ② %=运算的对象必须是整型或字符型。
> ③ 赋值运算符的优先级很低，仅高于逗号运算符，故在表达式运算中最后做赋值操作。

【例 2.15】 分析以下程序，输出其运行结果，了解4种复合赋值运算符的用法。

```
#include <stdio.h>
void main()
{
    int a=1,b=2,c=3;     //定义3个整型变量，并初始化
    float d=10.2f;       //定义float变量d，用浮点常量10.2初始化
    a+=1;                //相当于 a=a+1;即 a=1+1=2
    b-=a+5;
    c*=a-4;
    printf ("%d,%d,%d,%f\n",a,b,c,d/=a);
}
```

【运行结果】

2,-5,-6, 5.100000

【程序说明】

① float d=10.2f; 如果改为 float d=10.2;虽然没有语法错误，可以正常运行，但一般编译器会提示 warning（警告），原因是编译器会把常量10.2默认当成 double 型常量处理，与 d 的类型 float 不一致，故出现警告。因此可通过加f明确10.2为 float 型常量。

② a+=1; 相当于 a=a+1;，求出 a 为2。

③由于赋值运算符的优先级低于算术求和运算符，故语句 b-=a+5;等价于 b=b- (a+5);，即 b=2- (2+5);，得 b=-5;。同理，c*=a-4; 即 c=3*(2-4);，故 c=-6。

④ printf("%d,%d,%d,%f",a,b,c,d/=a);语句中由于输出列表中 a、b 和 c 均为 int 型变量，故输出格式占位符均为%d；输出列表中第 4 项为表达式，其表达式的值为 d=d/a=10.2f/2=5.1，为浮点类型，输出格式占位符为%f，在 Visual C++ 6.0 环境中，float 类型为小数点后保留 6 位数字。

2.5.3 关系运算符与关系表达式

关系运算符主要是用于条件判断的表达，关系运算符的优先级、比较关系及示例如表 2-9 所示。

表 2-9 关系运算符

运 算 符	优 先 级	比 较 关 系	示　　例
>	高（10）	大于	a>b
>=		大于或等于	a>=b
<		小于	a<b
<=		小于或等于	c<=d
==	低（9）	等于	2==1
!=		不等于	1!=3

关系运算规则：参加运算的表达式从左到右按关系运算符提供的关系进行比较，满足关系得到真（整型值 1），不满足关系得到假（整型值 0），所以关系运算的结果是 1 或者 0。

【例 2.16】关系运算符举例。

```
#include <stdio.h>
void main()
{
    int a=1,b=3,c,d,e;
    c=a>b;
    d=a+2<=b+3;
    printf("a=%d,b=%d,c=%d,d=%d\n",a,b,c,d);
}
```

【运行结果】

```
a=1,b=3,c=0,d=1
```

2.5.4 逻辑运算符与逻辑表达式

1. 逻辑运算符

逻辑运算符主要用于判断条件中的逻辑关系，逻辑运算符包括逻辑与、逻辑或和逻辑非，如表 2-10 所示。

表 2-10 逻辑运算符

操 作 符	作　　用	优 先 级
!	逻辑非	高（14）
&&	逻辑与	中（5）
‖	逻辑或	低（4）

逻辑运算符主要用于进一步明确关系表达式之间的关系，逻辑表达式的结果同关系表达式的结果一样，只有两个：真（值为1）和假（值为0）。表2-11所示为逻辑运算真值表。

表2-11 逻辑运算真值表

A	B	A&&B	A‖B	!A
0	0	0	0	1
0	1	0	1	1
1	0	0	1	0
1	1	1	1	0

注：
① 表中的A或B均可以是任意关系表达式。
② 在C语言中，任何非零值均代表真（值为1），零值代表假（值为0）。

2. 复杂逻辑关系的表示与处理

由逻辑运算符和关系表达式可组成复杂逻辑表达式。编译器在处理复杂逻辑表达式时，为了提高处理速度，针对不同的情况有不同的处理方式。

（1）&& 逻辑与

语法格式：(表达式A)&&(表达式B);

语法规则：只有当表达式A和表达式B都成立时，结果才为1，也就是"真"；其余情况的结果都为0，也就是"假"。因此，表达式A或表达式B只要有一个不成立，结果都为0，也就是"假"。

运算过程：总是先判断表达式A是否成立，如果表达式A成立，接着判断表达式B是否成立，如果表达式B成立，"(表达式A)&&(表达式B)"的结果就为1，即"真"，如果表达式B不成立，结果就为0，即"假"。

如果表达式A不成立，就不会再去判断表达式B是否成立。因为表达式A已经不成立了，不管表达式B如何，"(表达式A)&&(表达式B)"的结果肯定是0，也就是"假"（逻辑与的"短路运算"）。

【例2.17】逻辑与运算的短路问题举例。

```c
#include <stdio.h>
void main()
{
    int a=5,b=6,c=7,m=2,n=2;
    m=(a>b)&&(n==c++);
    printf("m=%d\tn=%d\tc=%d\n",m,n,c);
}
```

【运行结果】

m=0   n=2   c=7

【程序说明】输出的结果为m=0、n=2、c=7。因为a>b结果为0，则m=0，即整个"与"逻辑判断就为"假"，所以后面的"n==c++"就被"短路"掉了，所以n还是等于原先的2，c也没有进行自增运算，还是原来的7。

ⓘ **注意**

① 若想判断 a 的值是否在(3，5)范围内，千万不能写成 3<a<5，因为关系运算符的结合方向为"从左往右"。比如 a 为 2，它会先算 3<a，也就是 3<2，表达式不成立，结果为 0。再与 5 比较，即 0<5，表达式成立，结果为 1，因此 3<a<5 的结果为 1，表达式成立，也就是说当 a 的值为 2 时，a 的值是在(3，5)范围内的。这明显是不对的。正确的判断方法是：(a>3)&& (a<5)。

② C 语言规定：任何非 0 值都为"真"，只有 0 才为"假"。因此逻辑与也适用于数值。比如 5&&4 的结果是 1，为"真"；-6 && 0 的结果是 0，为"假"。

（2）|| 逻辑或

语法格式：(表达式 A) || (表达式 B)；

语法规则：当表达式 A 或表达式 B 只要有一个成立时（也包括表达式 A 和表达式 B 都成立），结果就为 1，也就是"真"；只有当表达式 A 和表达式 B 都不成立时，结果才为 0，也就是"假"。

运算过程：总是先判断表达式 A 是否成立，如果表达式 A 成立，就不会再去判断表达式 B 是否成立：因为表达式 A 已经成立了，不管表达式 B 如何，"(表达式 A) || (表达式 B)"的结果肯定是 1，也就是"真"（逻辑或的"短路运算"）。

如果表达式 A 不成立，接着再判断表达式 B 是否成立：如果表达式 B 成立，"(表达式 A) || (表达式 B)"的结果就为 1，即"真"，如果表达式 B 不成立，结果就为 0，即"假"。

逻辑或的结合方向是"自左至右"。例如表达式(a<3) || (a>5)：

若 a 的值是 4：先判断 a<3，不成立；再判断 a>5，也不成立。因此结果为 0。

若 a 的值是 2：先判断 a<3，成立，停止判断。因此结果为 1。

综上，如果 a 的值在(-∞，3)或者(5，+∞)范围内，结果就为 1；否则，结果就为 0。

ⓘ **注意**

C 语言规定：任何非 0 值都为"真"，只有 0 才为"假"。因此逻辑或也适用于数值。比如 5||4 的结果是 1，为"真"；-6||0 的结果是 1，为"真"；0||0 的结果是 0，为"假"。

【例 2.18】逻辑或运算的短路问题举例。

```c
#include <stdio.h>
void main()
{
    int a=5,b=6,c=7,m=2,n=2;
    m=(a<b)||(n==c++);
    printf("m=%d\tn=%d\tc=%d\n",m,n,c);
}
```

【运行结果】

m=1　　　n=2　　　c=7

【程序说明】输出的结果为 m=1、n=2、c=7，为什么呢，因为 a<b 的结果为 1，则 m=1，整个"或"逻辑判断就为"真"，所以后面的"n==c++"就被"短路"掉了，没被执行，所以 n 等于原来的 2，c 也没有进行自增运算，还是原来的 7。

（3）! 逻辑非

语法格式：`!(表达式 A);`

语法规则：对表达式 A 进行取反，若表达式 A 成立，结果就为 0，即“假”；若表达式 A 不成立，结果就为 1，即“真”。也就是说：真的变假，假的变真。

逻辑非的结合方向是“自右至左”。例如表达式! (a>5)：

若 a 的值是 6：先判断 a>5，成立，再取反之后的结果为 0。

若 a 的值是 2：先判断 a>3，不成立，再取反之后的结果为 1。

因此，如果 a 的值大于 5，结果就为 0；否则，结果就为 1。

注意

① 可以多次连续使用逻辑非运算符：!(4>2)结果为 0，是“假”，!!(4>2)结果为 1，是“真”，!!!(4>2)结果为 0，是“假”。

② C 语言规定：任何非 0 值都为“真”，只有 0 才为“假”。因此，对非 0 值进行逻辑非运算的结果都是 0，对 0 值进行逻辑非运算的结果为 1。例如，!5、!6.7、! −9 的结果都为 0，!0 的结果为 1。

③ 如果一个表达式中同时出现关系运算符、逻辑运算符，要注意运算优先级，建议在编写程序时，加圆括号提高运算表达式的可读性。

例 1：表达式!(3>5) ||(2<4) && (6<1)：先计算!(3>5)、(2<4)、(6<1)，结果为 1，式子变为 1 || 1 && 0，再计算 1 && 0，式子变为 1 || 0，最后的结果为 1。

例 2：表达式 3+2<5||6>3 等价于((3+2) < 5) || (6>3)，结果为 1。

例 3：表达式 4>3 &&!−5>2 等价于(4>3) && ((!(−5)) > 2)，结果为 0。

2.5.5 逗号运算符与逗号表达式

逗号表达式是由逗号运算符“,”将两个表达式连接起来组成的一个表达式，一般形式为：

`表达式 1,表达式 2;`

逗号表达式的语法规则：先计算表达式 1，再计算表达式 2；逗号表达式的最后结果为表达式 2 的计算结果。例如：

```
y=10;
x=(y=y-5,25/y);  //执行后 x 的值为 5
```

【例 2.19】阅读下面的程序，了解逗号表达式的语法规则。

```
#include <stdio.h>
void main()
{
    int a,b;
    a=2*6,a*3;
    b=(2*6,a*3);
    printf("a=%d\nb=%d\n",a,b);
}
```

【运行结果】

```
a=12
b=36
```

【程序说明】语句 a=2*6,a*3;中的第 1 个表达式为赋值表达式，把 2*6 的结果赋给变量 a，则变量 a 的值为 12，第 2 个表达式为简单的算术表达式，它的结果是 36，只是被临时存放在内存单元中，系统并无法使用。语句 b=(2*6,a*3);整体上是一个赋值语句，是把逗号表达式 (2*6,a*3);的结果赋给变量 b，根据逗号表达式的运算规则，变量 b 的值就为 a*3 的结果值 36。

关于逗号表达式的几点说明如下：

① 逗号表达式可以扩充到具有 n 个表达式的情况：

表达式 1,表达式 2,…,表达式 n;

整个逗号表达式的结果为表达式 n 的值。

② 通常是用逗号表达式来分别求逗号表达式内各表达式的值，并不是为了求整个逗号表达式的值。

③ 变量定义中出现的逗号和在函数参数表中出现的逗号不构成逗号表达式。

④ 逗号表达式有可能降低程序的可读性，使用须谨慎。

2.5.6　条件运算符与条件表达式

条件运算符由 "?" 和 ":" 组成。条件表达式的一般形式为：

表达式 1? 表达式 2:表达式 3;

条件表达式的语法规则：

当表达式 1 的值为 1（真）时，其结果为表达式 2 的值；

当表达式 1 的值为 0（假）时，其结果为表达式 3 的值。

ℹ 注意

① 表达式 1 通常是关系表达式或逻辑表达式，也可以是其他表达式。

② 条件运算符又称为三目运算符，"三目" 指的是操作数的个数有 3 个。

【例 2.20】阅读下面的程序，了解三目运算符组成的表达式的计算规则。

```c
#include <stdio.h>
void main()
{
    char ch;
    printf("请输入一个字母: ");
    scanf("%c",&ch);
    ch=(ch>='A'&&ch<='Z')?(ch+32):ch;
    printf("%c\n",ch);
}
```

【运行结果】

请输入一个字母: H
h

【程序说明】

程序的功能是：如果输入小写字母则原样输出，如果输入大写字母，则输出对应的小写字母。例如：如果输入 H，则输出 h，如果输入 h，则输出 h。

习 题 二

1．选择题

（1）下面不是 C 语言合法标识符的是（　　　）。

　　A. 5n　　　　　　B.abc　　　　　　C._4m　　　　　　D. x3

（2）下列（　　　）是 C 语言提供的合法的数据类型关键字。

　　A. Float　　　　B. signed　　　　C. integer　　　　D. Char

（3）在 C 语言中，要求参加运算的数必须是整数的运算符是（　　　）。

　　A. /　　　　　　B. *　　　　　　　C. %　　　　　　　D. =

（4）在 C 语言中，字符型数据在内存中以（　　　）形式存放。

　　A. 原码　　　　B. BCD 码　　　　C. 反码　　　　　D. ASCII 码

（5）非法的 C 语言转义字符是（　　　）。

　　A. '\b'　　　　　B. '\0xb'　　　　C. '\037'　　　　D. '\"

（6）在 C 语言中，数字 029 是一个（　　　）。

　　A. 八进制数　　B. 十六进制数　　C. 十进制数　　　D. 非法数

（7）若 int k=7,x=12，则值为 3 的表达式为（　　　）。

　　A. x%=(k%=5)　　B. x%=(k-k%5)　　C. x%=k-k%5　　D. (x%=k)-(k%=5)

（8）设整型变量 m,n,a,b,c,d 均为 1，执行(m=a>b)&&(n=c>d)后，m，n 的值是（　　　）。

　　A. 0，0　　　　B. 0，1　　　　　C. 1，0　　　　　D. 1，1

（9）设 a=1,b=2,c=3,d=4，则表达式 a<b?a:c<d?a:d 的结果是（　　　）。

　　A. 4　　　　　　B. 31　　　　　　C. 2　　　　　　　D. 1

（10）以下选项中，与 k=n++完全等价的表达式是（　　　）。

　　A. k=n,n=n+1　　B. n=n+1,k=n　　C. k=++n　　　　D.k+=n+1

2．填空题

（1）在 C 语言中，字符是按其所对应的_____的值来存储的，一个 char 数据在内存中所占字节数为_____。

（2）设 x=2.5,a=7,y=4.7，则 x+a%3*(int)(x+y)%2/4 的值为_____。

（3）设 a=2,b=3,x=3.5,y=2.5，则(float)(a+b)/2+(int)x%(int)y 的值为_____。

（4）定义：int m=5,n=3;，则表达式 m/=n+4 的值是_____，表达式 m=(m=1,n=2,n-m)的值是___，表达式 m+=m-=(m=1)*(n=2)的值是_____。

（5）若 a 是 int 变量，则执行表达式 a=25/3%3 后，a 的值是_____。

3．判断题

（1）在 C 程序中对用到的所有变量都必须指定其数据类型。　　　　　　　　（　　）

（2）一个变量在内存中占据一定的存储单元。　　　　　　　　　　　　　　（　　）

（3）一个实型变量的值肯定是精确的。　　　　　　　　　　　　　　　　　（　　）

（4）对几个变量在定义时赋初值可以写成：int a=b=c=3;。　　　　　　　　（　　）

（5）自增运算符（++）或自减运算符（--）只能用于变量，不能用于常量或表达式。

　　　　　　　　　　　　　　　　　　　　　　　　　　　　　　　　　　（　　）

（6）在 C 程序中，为了明确表达式的运算次序，常使用圆括号 "()"。　　　（　　）

（7）%运算符要求运算数必须是整数。　　　（　　）

（8）若 a 是实型变量，C 程序中允许赋值 a=10，因此实型变量中允许存放整型数。
　　　（　　）

（9）在 C 程序中，逗号运算符的优先级最低。　　　（　　）

（10）C 语言不允许混合类型数据间进行运算。　　　（　　）

4．编程题

（1）输入两个整型数 x 和 y，求 x、y 之和、差、乘积以及 x/y 的商和余数。

（2）输入 3 个字符型数据，将它们转换成相应的整数后，求它们的平均值并输出。

（3）设 x 的值为 16，y 的值为 20，z 的值为 25，求 x&&y、x||y、x&&z 的值。

（4）变量 b 取 23.456，c 取 78.257，将 b+c 的整数赋给 a，对 b、c 取整后求其和。

（5）从键盘输入一个大写字母，转换成与之对应的小写字母。

第 3 章

顺序结构程序设计

C 语言是面向过程的语言，能够方便地进行结构化程序设计。C 语言包括 3 种基本结构：顺序结构、选择结构和循环结构。其中顺序结构是结构化程序设计中最简单的一种基本结构。在顺序结构的程序中，代码按编写顺序从上到下依次执行。本章主要介绍 C 语言的基本语句、字符数据的输入/输出、格式的输入/输出及顺序结构的程序举例。

 ## 3.1 C 语言的基本语句

C 语言程序是由语句组成的，在 C 语言中语句可以分为两大类，一类是声明语句，一类是执行语句。声明语句主要包括变量的定义、数据类型定义及函数的声明等，执行语句主要是向计算机发出操作指令。执行语句主要包括控制语句、表达式语句、函数调用语句、空语句和复合语句。

1. 控制语句

在 C 语言中，控制语句的作用是控制程序执行的顺序，一共有 9 种，如表 3-1 所示。

表 3-1　C 语言中的控制语句

控制语句种类	控制语句形式	控制语句功能
条件语句	if( )...else...	用于双分支选择结构
多分支选择语句	switch	用于多分支选择结构
循环语句	for( )...	用于 for 型循环结构
	while( )...	用于当型循环结构
	do...while( )	用于直到型循环结构
结束本次循环语句	continue	用于循环结构中，结束本次循环
中止执行 switch 或循环语句	break	用于循环或选择结构，提前退出当前循环或选择
从函数返回语句	return	从函数调用返回
转向语句	goto	用于无条件转移到指定程序行

2．表达式语句

表达式语句是在一个表达式的后面加上一个分号，这里的表达式可以是 C 语言中任何一种类型的表达式。其一般形式为：

表达式;

在表达式语句中最为典型和常见的就是由赋值表达式加上分号组成的赋值语句。例如：

a=5;

这个赋值语句完成的功能就是把数值 5 赋给变量 a。

3．函数调用语句

函数调用语句是在函数调用后面加上一个分号。例如：

```
printf("Welcome to study C language programming!");
```

在 C 语言中，printf 函数是格式输出函数，加上分号后就成了一个输出语句，上面语句的功能是在屏幕上输出 Welcome to study C language programming!。

4．空语句

只有一个单独的分号就是一个空语句。例如：

```
;
```

空语句不会执行任何操作。

5．复合语句

用"{ }"可以把多条语句括起来构成复合语句，可以把需要一起执行的多条语句做成复合语句。复合语句就是一个整体，复合语句中的语句要么都被执行要么都不被执行。

例如：通过中间变量 t 交换变量 a、b 的值，需要由三条语句组成，可以把它们用"{ }"括起来组成一个复合语句。

```
{
    t=a;
    a=b;
    b=t;
}
```

需要注意的是复合语句的结束符"}"后面不加分号，而复合语句内的各条语句后面必须有分号。

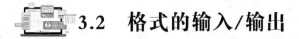

3.2　格式的输入/输出

可以说几乎每一个 C 语言程序都会涉及数据的输入/输出。在 C 语言中并没有提供输入/输出的语句，而输入/输出的功能是通过函数来实现的。在 C 语言标准库函数中提供了一些输入/输出函数，比如 scanf 函数和 printf 函数。scanf 函数是完成输入功能的函数，而 printf 函数是完成输出功能的函数。

在使用输入/输出函数时，要在程序文件的开头用预编译指令。

```
#include <stdio.h>
```

或

```
#include "stdio.h"
```

在"stdio.h"头文件中包含了与标准 I/O 库有关的变量定义和宏定义及对函数的声明，printf 函数和 scanf 函数就包含在其中。

3.2.1 printf 函数

printf 函数可以向终端或指定的输出设备输出具有一定格式的数据。

1. printf 函数的一般格式

printf 函数的一般格式为：

```
printf("格式控制",输出列表);
```

例如：

```
printf("%d%c\n",a,b);
```

printf 后面的括号里包括两部分：格式控制和输出列表。

（1）格式控制

格式控制是用一对双引号括起来的字符串。格式控制包含两种信息：一种是格式声明，一种是普通字符。

① 格式声明举例：

```
printf("%d%f\n",a,b);
```

printf 函数中，%d 和%c 就是格式声明，它决定了后面输出列表中数据 a、b 的输出形式。

② 普通字符举例：

```
printf("I love C language!");
```

printf 函数中，格式控制字符串中只有普通字符，此时也就不需要后面的输出列表。printf 函数的这种使用方法通常用于输出一些提示用语和固定的信息。

在格式控制字符串中也可以同时有格式声明和普通字符，输出时普通字符原样输出，例如：

```
printf("a=%d,b=%f\n",a,b);
```

下面通过例 3.1 演示 printf 函数的一般格式，对比格式控制字符的不同用法。

【例 3.1】printf 函数应用。

```
#include <stdio.h>
void main()
{
    int a;
    float b;
    a=5;
    b=3.14;
    printf("I love C language!\n");
    printf("%d%f\n",a,b);
    printf("a=%d, b=%f\n",a,b);
}
```

【运行结果】

```
I love C language!
53.140000
a=5, b=3.140000
```

（2）输出列表

输出列表是程序需要输出的一些数据，可以是常量、变量或表达式。例如：

```
printf("a=%d, b=%f\n",a,b);
```

在上面的语句中，%d 和%f 是格式字符，a 和 b 是输出列表，%d 和%f 控制变量 a 和 b 的输出格式，而 a=和 b=及中间的逗号和空格是普通字符，原样输出。因此输出的结果为：

```
a=5, b=3.140000
```

2．printf 函数中使用的格式字符

格式声明的一般格式为：

%　附加字符　格式字符

格式字符规定了对应输出数据的格式，在格式字符的前面还可以加上附加字符用于规定数据的宽度和对齐方式等。常见的格式字符及其功能如表 3-2 所示。

表 3-2　printf 函数中使用的格式字符及其功能

格 式 字 符	功　　能
d 或 i	以带符号的十进制形式输出整数（正数不输出符号），一般习惯使用 d 而少用 i
o	以无符号的八进制形式输出整数（不输出八进制的前缀 0）
u	以无符号的十进制形式输出整数
x	以无符号的十六进制形式输出整数（不输出十六进制的前缀 0x），x 对应于 abcdef
X	以无符号的十六进制形式输出整数（不输出十六进制的前缀 0X），X 对应于 ABCDEF
c	以字符形式输出一个字符
s	输出一个字符串
f	以小数形式输出单精度、双精度数，默认情况下输出 6 位小数
e，E	以指数形式输出实数，用 e 时指数以 e 表示（如 1.3e+03），用 E 时指数以 E 表示（如 1.3E+03）
g，G	选用%f 或%e 中输出格式宽度较短的一种格式，不输出无意义的 0，用 G 时，指数用大写表示

【例 3.2】printf 函数的格式输出。

```c
#include <stdio.h>
void main()
{
    int a=30;
    double b=314.15926;
    char c='A';
    printf("%s","请比较同一个数值以不同格式输出\n");   //以字符串形式输出
    printf("a=%d\n",a);                                //以十进制形式输出 a 的值
    printf("a=%o\n",a);                                //以八进制形式输出 a 的值
    printf("a=%x\n",a);                                //以十六进制形式输出 a 的值
    printf("a=%X\n",a);                                //以十六进制形式输出 a 的值
    printf("a=%u\n",a);                                //以无符号十进制形式输出 a 的值
    printf("--------------------\n");
    printf("b=%f\n",b);                                //以小数形式输出 b 的值
    printf("b=%e\n",b);                                //以指数形式输出 b 的值
    printf("b=%E\n",b);                                //以指数形式输出 b 的值
    printf("--------------------\n");
    printf("c=%c\n",c);                                //以字符形式输出 c 的值
    printf("c=%d\n",c);                                //以数值形式输出 c 的值
}
```

【运行结果】

```
请比较同一个数值以不同格式输出
a=30
a=36
a=1e
a=1E
```

```
a=30
-----------------------------
b=314.159260
b=3.141593e+002
b=3.141593E+002
-----------------------------
c=A
c=65
```

【程序说明】从程序的运行结果可以看出，同样的数值采用不同的格式字符会有不同的输出结构。特别要强调的是，在程序中通过语句 char c='A';定义了符号变量 c，并且把字符'A'赋值给了字符变量 c。在输出的时候使用语句 printf("c=%c\n",c);输出的结果是字符'A'，因为这里使用的是格式字符%c，而使用语句 printf("c=%d\n",c);输出的结果为 65，是因为此时使用的是格式字符%d，应该输出字符'A'的 ASCII 码值。

格式字符的前面可以加上附加字符对输出格式进行进一步控制，常见的附加字符及其功能如表 3-3 所示。

表 3-3 printf 函数中使用的格式附加字符及其功能

附 加 字 符	功 能
l	用于长整型整数，可以加在格式字符 d、o、x、u 前面，如%ld
h	用于短整型整数，可以加在格式字符 d、o、x、u 前面，如%hd
m	数据的最小宽度
n	数据输出的精度，对于实数表示 n 位小数；对于字符串表示截取的字符个数
-	输出的数字或字符在域内左对齐

【例 3.3】printf 函数带有附加字符的格式输出。

```c
#include <stdio.h>
void main()
{
    char a='F';
    int b=123;
    long int c=456789;
    double d=314.15926535898;
    printf("1-按左、右对齐、默认方式输出字符:\n");
    printf("a=%-3ca=%3ca=%c\n",a,a,a);
    printf("------------------------------\n");
    printf("2-按左、右对齐、默认方式输出整型数:\n");
    printf("b=%-5d,c=%-8ld\n",b,c);
    printf("b=%5d,c=%8ld\n",b,c);
    printf("b=%d,c=%d\n",b,c);
    printf("------------------------------\n");
    printf("3-按左、右对齐、默认输出浮点型数:\n");
    printf("d=%-8.2f,d=%-12.2e\n",d,d);
    printf("d=%8.2f,d=%12.2e\n",d,d);
    printf("d=%fd=%e\n",d,d);
}
```

【运行结果】
```
1--按左、右对齐、默认方式输出字符:
a=F   a=  Fa=F
------------------------------
```

2--按左、右对齐、默认方式输出整型数:
b=123 ,c=456789
b= 123,c= 456789
b=123,c=456789

3--按左、右对齐、默认输出浮点型数:
d=314.16 ,d=3.14e+002
d= 314.16,d= 3.14e+002
d=314.159265d=3.141593e+002

3.2.2　scanf 函数

scanf 函数的功能是从键盘上按指定的格式输入数据,并将输入的数据赋值给相应的变量。

1. scanf 函数的一般格式

scanf 函数的一般格式为:

scanf("格式控制",地址列表)

例如:

scanf("%d%c",&a,&b);

表示从键盘输入一个整数和一个字符分别赋值给变量 a 和变量 b。

① 格式控制的作用是指定输入数据的格式,与 printf 函数用法相同。

② 地址列表是由若干地址组成的,可以是变量的地址也可以是字符串的首地址。

表 3-4 和表 3-5 分别列出了 scanf 函数的格式字符和附加字符,用法与 printf 函数基本相同。

表 3-4　scanf 函数中使用的格式字符

格 式 字 符	格式字符的功能说明
d 或 i	用来输入有符号的十进制数,一般习惯使用 d 而少用 i
u	用来输入无符号的十进制数
o	用来输入无符号的八进制数
x, X	用来输入无符号的十六进制数
c	用来输入一个字符
s	用来输入字符串
f	用来输入实数,小数形式和指数形式均可
e、E; g、G	与 f 作用相同,大小写作用相同

表 3-5　scanf 函数中使用的格式附加字符

附 加 字 符	附加字符的功能说明
l	用于输入长整型整数,可以加在格式字符 d、o、x、u 前面,如%ld;也用于输入双精度实数,可以加在格式字符 e、f 前面
h	用于输入短整型整数,可以加在格式字符 d、o、x、u 前面,如%hd
m	指定输入数据所占的宽度(m 为正整数)
*	表示本输入项读入后不赋给相应的变量

【例 3.4】输入长方形的长和宽，输出长方形的周长和面积。

```c
#include <stdio.h>
void main()
{
    double a,b,l,s;
    printf("请输入长方形的长和宽 a,b:\n");
    scanf("%lf%lf",&a,&b);
    l=2*(a+b);
    s=a*b;
    printf("长方形的周长是%-5.2f\n",l);
    printf("长方形的面积是%7.4f\n",s);
}
```

【运行结果】

```
请输入长方形的长和宽 a,b:
4.23 3.26
长方形的周长是14.98
长方形的面积是13.7898
```

【程序说明】程序运行后，输入 4.23 后，按空格键后输入 3.26，按回车键，表示输入结束，程序开始计算并输出长方形的周长和面积。

2．scanf 函数使用中应注意的几个问题

① scanf 函数中控制字符后面应该是变量的地址，而不是变量的名字，不要丢掉 "&" 符号。例如：

```c
scanf("%d%c",a,b);
```

是错误的写法。应该写成

```c
scanf("%d%c",&a,&b);
```

② 输入数值数据时，多个数据之间可以用空格、回车符和制表符（按【Tab】键），作为数据的分隔符，最后以回车符结束输入。

在例 3.4 中，输入数据 4.23 后可以输入空格、回车符和制表符中的任何一个对数据进行分隔，然后再输入 3.26，最后输入回车符结束输入。

③ 在输入字符数据时，空格字符和转义字符都作为有效字符输入，因此在连续输入字符时，在字符之间不能插入空格或其他分隔字符。例如：

```c
scanf("%c%c",&a,&b);
```

如果在输入时直接输入连续的两个字符，比如 mn，则会把字符'm'赋给变量 a，字符'n'赋给变量 b。如果在输入 m 后按空格键再输入 n 的话，就会把空格赋给变量 b。

④ 如果在格式控制字符中除了格式声明外，还有其他的普通字符，则输入时在对应的位置上需要输入与这些字符相同的字符。例如：

```c
scanf("a=%c,b=%c",&a,&b);
```

如果要将字符'm'和字符'n '赋给变量 a 和 b，则输入时需要输入 a=m, b=n。

【例 3.5】scanf 函数字符输入举例。

```c
#include <stdio.h>
void main()
{
    char a,b;
```

```
printf("请输入字符 a,b:\n");
scanf("%c%c",&a,&b);
printf("a=%c\n",a);
printf("b=%c\n",b);
printf("b=%d\n",b);
}
```

【运行结果】

请输入字符 a,b:

mn

a=m

b=n

b=110

不同输入方式时的输出结果：

请输入字符 a,b:

m n

a=m

b=

b=32

【程序说明】第一次运行时，mn 两个字符连续输入，此时会把 mn 两个字符分别赋给变量 a 和 b，第三个输出语句输出的是字符 b 的 ASCII 码值。第二次运行时，输入的是 m 空格 n，此时变量 a 得到的是字符'm'，而变量 b 得到的是空格，因此按字符格式输出时输出的是 "b= "，而按数值格式输出时输出的是 32，正好是空格符的 ASCII 码值。

3.3　字符数据的输入/输出

在 C 语言中除了可以用 scanf 函数和 printf 函数完成字符的输入输出外，还提供了一些专门用于字符输入和输出的函数。

3.3.1　putchar 函数

putchar 函数完成的功能是向输出设备输出一个字符，其一般格式为：

putchar(c);

【例 3.6】putchar 函数举例。

```
#include <stdio.h>
void main()
{
    char a,b,c,d,e;
    a='C';
    b='H';
    c='I';
    d='N';
    e='A';
    putchar(a);
    putchar(b);
    putchar(c);
    putchar(d);
```

```
    putchar(e);
    putchar('\n');
}
```

【运行结果】

```
CHINA
```

3.3.2　getchar 函数

getchar 函数完成的功能是向计算机输入一个字符，其一般格式为：

```
getchar();
```

【例 3.7】getchar 函数举例。

```
#include <stdio.h>
void main()
{
    char a,b,c,d,e;
    a=getchar();
    b=getchar();
    c=getchar();
    d=getchar();
    e=getchar();
    putchar(a);
    putchar(b);
    putchar(c);
    putchar(d);
    putchar(e);
    putchar('\n');
}
```

【运行结果】

```
CHINA
CHINA
```

【程序说明】getchar 函数读取一个字符，putchar 函数输出一个字符，还可以把两个函数结合起来。把例 3.7 改成如下形式：

```
#include <stdio.h>
void main()
{
    putchar(getchar());
    putchar(getchar());
    putchar(getchar());
    putchar(getchar());
    putchar(getchar());
    putchar('\n');
}
```

3.4　顺 序 结 构

顺序结构是 C 语言中最简单的结构，在顺序结构中，语句从上到下依次执行。顺序结构的执行过程如图 3-1 所示。程序首先执行语句 1，接着执行语句 2，再执行语句 3，它是一个从上到下、从前到后的执行过程。

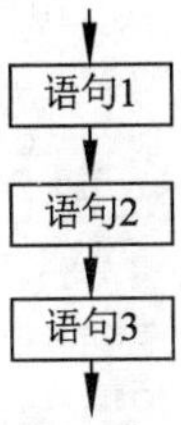

语句1

语句2

语句3

图 3-1　顺序结构流程图

【例 3.8】输入一个小写字母，输出其对应的大写字母。

```c
#include <stdio.h>
void main()
{
    char a,b;
    printf("请输入任意一个小写字母\n");
    scanf("%c",&a);
    b=a-32;
    printf("您输入的小写字母%c对应的大写字母是%c\n",a,b);
}
```

【运行结果】

请输入任意一个小写字母

a

您输入的小写字母 a 对应的大写字母是 A

【程序说明】本程序首先定义了两个字符变量 a 和 b，用来保存用户输入的小写字母和转换后的大写字母。因为在计算机中英文字母用 ASCII 码值表示，在计算机存储和运算时使用的是字母对应的 ASCII 码值，小写字母比对应大写字母的 ASCII 码值大 32，因此可以通过 b=a-32 得到其对应大写字母的 ASCII 码值。本程序用 scanf 函数和 printf 函数完成，请自己修改为用 getchar 函数和 putchar 函数完成。

【例 3.9】编写程序，输入某月的收入和支出情况，计算并输出本月的结余。收入包括：工资、奖金、兼职收入。输出包括：生活费、交通费和其他费用。

```c
#include <stdio.h>
void main()
{
    int yf,gz,jj,jzsr,shf,jtf,qtfy,zsr,zzc,jy;
    printf("请输入月份\n");
    scanf("%d",&yf);
    printf("请输入%d月的收入明细\n",yf);
    printf("----------------------\n");
    printf("工资:");
    scanf("%d",&gz);
    printf("奖金:");
    scanf("%d",&jj);
    printf("兼职收入:");
    scanf("%d",&jzsr);
    zsr=gz+jj+jzsr;
    printf("%d月的总收入是%d元\n",yf,zsr);
    printf("----------------------\n");
    printf("请输入%d月的支出明细\n",yf);
```

```
    printf("-----------------------\n");
    printf("生活费:");
    scanf("%d",&shf);
    printf("交通费:");
    scanf("%d",&jtf);
    printf("其他费用:");
    scanf("%d",&qtfy);
    zzc=shf+jtf+qtfy;
    printf("%d月的总支出是%d元\n",yf,zzc);
    printf("-----------------------\n");
    jy=zsr-zzc;
    printf("%d月的结余是%d元\n",yf,jy);
}
```

【运行结果】

请输入月份

5

请输入 5 月的收入明细

工资:4000

奖金:3000

兼职收入:2000

5 月的总收入是 9000 元

请输入 5 月的支出明细

生活费:2500

交通费:500

其他费用:450

5 月的总支出是 3450 元

----

5 月的结余是 5550 元

【程序说明】本程序是一个典型的顺序结构,首先定义变量 yf,gz,jj,jzsr,shf,jtf, qtfy,zsr,zzc,jy 分别用来存储月份、工资、奖金、兼职收入、生活费、交通费、其他费用、总收入、总支出和结余。使用 scanf 函数输入各种收入和支出,通过公式计算出总收入、总支出及结余情况并输出,程序从上到下依次执行。

习 题 三

1. 选择题

(1)以下程序段的输出结果为 (   )。

```
char x='A';
printf("x=%d,x=%c",x,65);
```

   A. x=65,x=A   B. x=A,x=65   C. x=A,x=A   D. x=65,x=65

(2)以下程序的输出结果为 (   )。

```
#include <stdio.h>
void main()
```

```
    {
        int x,y,z;
        x=y=1;
        z=x++,y++;
        printf("%d,%d,%d",x,y,z);
    }
```
　　A. 1,2,1　　　　　　　B. 2,2,1　　　　　　C. 1,1,1　　　　　　D. 2,2,2

（3）若变量已经正确定义并赋值，以下不属于 C 语句的选项是（　　　）。

　　A. A=b+c;　　　　　B. a=a+b　　　　　　C. a++;　　　　　　D. A? a:b;

（4）有定义语句：int a,b;，若要通过语句 scanf("%d,%d",&a,&b);使变量 a 得到数值 11，变量 b 得到数值 12，下面输入形式正确的是（　　　）。

　　A. 11　12<回车>　　　　　　　　　　B. 11<回车>12<回车>

　　C. 11,12<回车>　　　　　　　　　　D. 11<回车>,　12<回车>

（5）x、y、z 被定义为 int 型变量，若从键盘给 x、y、z 输入数据，正确的输入语句是（　　　）。

　　A. INPUT x、y、z;　　　　　　　　　B. scanf("%d%d%d",&x,&y,&z);

　　C. scanf("%d%d%d",x,y,z);　　　　　D. read("%d%d%d",&x,&y,&z);

（6）若 w、x、y、z 均为 int 型变量，则为了使以下语句的输出为：1234+123+12+1，正确的输入形式应当是（　　　）。

```
    scanf("%4d+%3d+%2d+%1d",&x,&y,&z,&w);
    printf("%4d+%3d+%2d+%1d\n",x,y,z,w);
```
　　A. 1234123121<回车>　　　　　　　B. 1234123412341234<回车>

　　C. 1234+1234+1234+1234<回车>　　D. 1234+123+12+1<回车>

（7）有下列程序：

```
    #include <stdio.h>
    main()
    {
        char c1,c2,c3;
        int a;
        scanf("%c%c%c%d",&c1,&c2,&c3,&a);
        printf("%d\n",a);
    }
```
　　程序运行后，若从键盘输入（从第 1 列开始）

```
    12<回车>
    34<回车>
```
　　则输出的结果是（　　　）。

　　A. 1234　　　　　　B. 12　　　　　　　C. 34　　　　　　D. 3412

（8）x 为 int 型变量，且值为 97，不正确的输出函数调用是（　　　）。

　　A. printf("%d",x);　　　　　　　　　B. printf("%3d",x);

　　C. printf("%c",x);　　　　　　　　　D. printf("%s",x);

（9）putchar 函数可以向终端输出一个（　　　）。

　　A. 整型变量表达式的值　　　　　　　B. 实型变量值

　　C. 字符串　　　　　　　　　　　　　D. 字符

（10）执行下列程序后，输出的结果为（　　　）。

```c
#include <stdio.h>
void main()
{
    char c1,c2;
    c1='C'+'8'-'3';
    c2='9'-'0';
    printf("%c,%d\n",c1,c2);
}
```

A. H，9　　　　　　　　　　　　　B. H 9

C. F，9　　　　　　　　　　　　　D. 表达式不合法，输出无定值

2．编程题

（1）输入两个小数 a、b，输出 a、b 的和、差、积、商（保留两位小数）。

（2）输入圆的半径，求圆的周长和面积（保留两位小数）。

（3）输入两个整数给变量 x、y，然后交换 x 和 y 的值后，输出 x 和 y。

（4）输入一个华氏温度，输出摄氏温度，其转换公式为：C=5(F-32)/9。

（5）在屏幕上输出以下图案。

```
       *
      ***
     *****
    *******
```

第 **4** 章

选择结构程序设计

顺序结构按照程序语句的编写顺序依次执行，只能处理较简单的问题。但实际上，有许多问题需要经过判断，再决定去执行什么操作，也就是需要根据不同的条件执行不同的语句，这就是选择结构。在 C 语言中，选择结构又称分支结构，通过对特定条件的判断来选择执行某一程序语句。本章主要介绍用 if 语句或 switch 语句实现选择及选择结构的嵌套，使读者了解选择结构的特点，并掌握选择结构的程序设计。

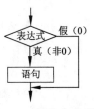 **4.1 if 语 句**

if 结构有 3 种基本形式：单分支结构、双分支结构和多分支结构。

4.1.1 if 单分支结构

if 语句的单分支结构一般形式为：

```
if(表达式)
    语句;
```

单分支的执行过程如图 4-1 所示，首先判断表达式是否成立，即判断表达式的逻辑值是真（非 0）还是假（0），如果表示式的值为真（非 0），执行语句，否则不执行语句，直接跳到 if 语句的下一条语句。

① 这里的表达式通常为关系表达式或逻辑表达式，也可以是数值表达式。当表达式为数值时，非 0 的数值为真，数值 0 为假。

② 语句通常情况下是以复合语句的形式出现，必须使用一对花括号将多条语句括起来。如果语句只有一条，则可以不使用花括号。

③ if 后面的表达式必须用括号括起来。

④ 当表达式为关系表达式时，如果条件是判断是否相等，需要使用"=="，而不是"="。"="在 C 语言中是赋值运算符。

图 4-1 单分支流程图

【例 4.1】输入一个整数，输出其绝对值。

```c
#include <stdio.h>
void main()
{
```

```
    int a;
    printf("请输入一个整数\n");
    scanf("%d",&a);
    if(a<0)
    {
        a=-a;
    }
    printf("的绝对值是%d\n",a);
}
```

【运行结果】

请输入一个整数
-10
-10 的绝对值是 10

【程序说明】输入一个整数给变量 a，判断表达式是否成立，这里的表达式判断的是变量 a 和 0 的关系。如果变量 a 的值小于 0，表达式成立，说明它是一个负数，负数的绝对值是它的相反数，因此执行表达式后面的语句 a=-a;，相反如果变量 a 的值不小于 0，则表达式不成立，也就不会执行表达式后面的语句 a=-a;，此时输出的就是它本身的值。

4.1.2 if...else 双分支结构

if...else 双分支结构一般形式为：

```
if(表达式)
    语句 1;
else
    语句 2;
```

双分支的执行过程如图 4-2 所示，首先判断表达式是否成立，即判断表达式的逻辑值是真（非 0）还是假（0），如果表达式的值为真（非 0），则执行语句 1，否则执行语句 2。

【例 4.2】输入两个不相等的整数，输出较大的整数。

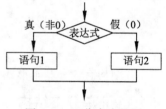

图 4-2 双分支流程图

```
#include <stdio.h>
void main()
{
    int a,b,max;
    printf("请输入两个整数\n");
    scanf("%d%d",&a,&b);
    if(a>b)
        max=a;
    else
        max=b;
    printf("%d 和%d 中较大的数是%d\n",a,b,max);
}
```

【运行结果】

请输入两个整数
5 -8
5 和-8 中较大的数是 5

【例 4.3】输入任意英文字母，如果输入的是小写字母则输出其对应的大写字母；如果输入的是大写字母则输出其对应的小写字母。

```
#include <stdio.h>
void main()
{
    char a,b;
    printf("请输入任意一个字母:\n");
    scanf("%c",&a);
    if(a>='a'&& a<='z')
    {
        b=a-32;
        printf("您输入的是小写字母%c，它对应的大写字母是%c\n",a,b);
    }
    else
    {
        b=a+32;
        printf("您输入的是大写字母%c，它对应的小写字母是%c\n",a,b);
    }
}
```

【运行结果】

请输入任意一个字母:

f

您输入的是小写字母 f，它对应的大写字母是 F

if 语句的双分支结构有时也可以用条件表达式语句替换，条件表达式前面已经讲过，一般形式为：

表达式 1?表达式 2:表达式 3

表达式 1 用来进行判断，如果成立则返回表达式 2 的值，如果不成立返回表达式 3 的值。例题 4.2 可以修改如下：

```
#include <stdio.h>
void main()
{
    int a,b,max;
    printf("请输入两个整数\n");
    scanf("%d%d",&a, &b);
    max=(a>b)?a:b;
    printf("%d 和%d 中较大的数是%d\n",a,b,max);
}
```

4.1.3　if...else...if 多分支结构

if...else...if 多分支结构一般形式为：

```
if(表达式 1)
{ 语句 1;}
else  if(表达式 2)
{ 语句 2;}
else  if(表达式 3)
{ 语句 3;}
......
else  if(表达式 m)
{ 语句 m;}
else
{ 语句 m+1;}
```

多分支的执行过程如图 4-3 所示，从表达式 1 开始依次计算并判断表达式的值，当某个表达式的值为真（非 0）时，执行其后面对应的语句后，选择结构结束，直接跳到整个 if 语句之外继续执行。若所有表达式均为假（0），则执行 else 后的语句 m+1。

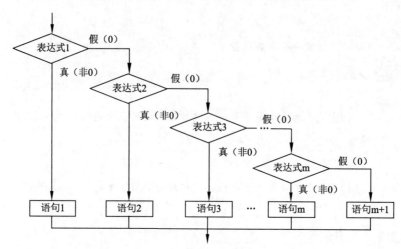

图 4-3　多分支流程图

【例 4.4】输入一门课程的百分制成绩，根据成绩输出该成绩对应的等级。规则：90 分及以上的等级为优秀，80 分到 89 分的等级为良好，70 分到 79 分的等级为中等，60 分到 69 分的等级为及格，60 分以下的等级为不及格。

```c
#include <stdio.h>
void main()
{
    int a;
    printf("请输入您的成绩（0-100之间）\n");
    scanf("%d",&a);
    if(a>=90)
        printf("您的成绩为: 优秀\n");
    else if(a>=80)
        printf("您的成绩为: 良好\n");
    else if(a>=70)
        printf("您的成绩为: 中等\n");
    else if(a>=60)
        printf("您的成绩为: 及格\n");
    else
        printf("您的成绩为: 不及格\n");
}
```

【运行结果 1】
请输入您的成绩（0-100之间）
85
您的成绩为：良好
【运行结果 2】
请输入您的成绩（0-100之间）
65
您的成绩为：及格

【程序说明】判断 80 分到 89 分的等级时，程序中的表达式没有写成 a>=80&&a<90，而简写成了 a>=80,这是根据多分支的执行特点编写的，因为只有 a 的值小于 90 时，才执行 a>=80 这个判断语句。

小思考

能否把例 4.4 改写成下面的程序呢？

```c
#include <stdio.h>
void main()
{
    int a;
    printf("请输入您的成绩（0-100 之间）\n");
    scanf("%d",&a);
    if(a>=60)
        printf("您的成绩为：及格\n");
    else if(a>=70)
        printf("您的成绩为：中等\n");
    else if(a>=80)
        printf("您的成绩为：良好\n");
    else if(a>=90)
        printf("您的成绩为：优秀\n");
    else
        printf("您的成绩为：不及格\n");
}
```

4.1.4　选择结构的嵌套

在一个 if 语句中又包含 if 语句称为选择结构的嵌套，前面讲过的 if...else...if 多分支结构其实就是选择结构的一种嵌套。if 语句嵌套的一般形式如下：

```c
if(表达式 1)
    if(表达式 2)  语句 1;
    else          语句 2;
else
    if(表达式 3)  语句 3;
    else          语句 4;
```

在上面的格式中，相当于在 if 的两个分支里分别嵌套了一个双分支结构。if 与 else 是成对出现的，并且通过程序的缩进书写可以清晰地看出它们之间的对应关系。

如果 if 和 else 不是成对出现的，如何判断它们的逻辑关系？在嵌套的 if 语句中，else 总是和它上面最近未配对的 if 配对。判断的时候可以从程序的最后向前查找，遇到一个 else 要跳过一个 if，遇到单行的 if 也要跳过，直到找到与之对应的 if。

【例 4.5】任意输入两个整数，判断两个整数的关系。

```c
#include <stdio.h>
void main()
{
    int a,b;
    printf("请输入两个整型数字:\n");
    scanf("%d%d",&a,&b);
    if(a!=b)
        if(a>b)
            printf("%d>%d\n",a,b);
        else
            printf("%d<%d\n",a,b);
    else
        printf("%d=%d\n",a,b);
}
```

【运行结果】

请输入两个整型数字：
5 6
5<6

【程序说明】本程序中，首先判断两个数是否相等，给的判断条件是(a!=b)，如果 a 和 b 相等，(a!=b)的值就为假，直接执行与之配对的 else 后面的语句，即 printf("%d=%d\n",a,b);，如果 a 和 b 的值不相等，则(a!=b)的值就为真，就会执行 if 后面的语句，里面嵌套了一个双分支，进一步判断 a 和 b 的大小。

4.2 switch 语 句

在 if 选择结构中，如果分支比较多或者 if 嵌套层数多，会使程序代码冗长且结构混乱。switch 语句是多分支选择语句，又称开关语句，可以轻松地完成多个条件的选择，并且结构清晰。

switch 语句的作用是根据表达式的值，使流程跳转到不同的语句。switch 语句的一般形式为：

```
switch(表达式)
{
    case 常量表达式1:  语句1;
    case 常量表达式2:  语句2;
    …
    case 常量表达式m:  语句m;
    default:  语句m+1;
}
```

switch 选择结构的执行过程为：先计算 switch 后面表达式的值，然后与 case 后面的常量表达式逐一进行比对，若与其中某一常量表达式的值匹配，就执行其后的语句。若表达式的值与所有 case 后的常量表达式均不相等，则执行 default 后面的语句。switch 语句流程图如图 4-4 所示。

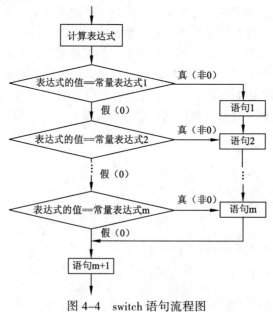

图 4-4 switch 语句流程图

说明：

① switch 后面的表达式的值应为整数类型（包括字符型）。

② default 语句可选，如果没有 default，且程序没有与 switch 表达式相匹配的 case 常量，则不执行任何语句，程序流转到 switch 语句的下一条语句。

③ switch 语句后面花括号内是一个整体，是一个复合语句。

【例 4.6】输入一门课程的百分制成绩，并根据成绩输出该成绩对应的等级。规则：90 分及以上的等级为优秀，80 分到 89 分的等级为良好，70 分到 79 分的等级为中等，60 分到 69 分的等级为及格，60 分以下的等级为不及格。要求使用 switch 语句完成。

```
#include <stdio.h>
void main()
{
    int a,b;
    printf("请输入您的成绩（0-100 之间）\n");
    scanf("%d",&a);
    b=a/10;
    switch(b)
    {
        case 10:
        case 9:printf("您的成绩为：优秀\n");
        case 8:printf("您的成绩为：良好\n");
        case 7:printf("您的成绩为：中等\n");
        case 6:printf("您的成绩为：及格\n");
        case 5:
        case 4:
        case 3:
        case 2:
        case 1:
        case 0:printf("您的成绩为：不及格\n");
        default:printf("输入错误\n");
    }
}
```

【运行结果】

请输入您的成绩（0-100 之间）
89
您的成绩为：良好
您的成绩为：中等
您的成绩为：及格
您的成绩为：不及格
输入错误！

【程序说明】输入成绩 89 后，输出结果应该为良好，可是为什么还会输出中等、及格、不及格和输入错误呢？这是由于 switch 选择结构的执行过程引起的。输入成绩 89 后，变量 a 的值为 89，然后执行语句 b=a/10;，此时变量 b 的值为 8，即 switch 后面括号的表达式值为 8，再依次判断与下面哪个 case 分支后面的表达式匹配，所以此时输出良好。但是此时程序并不结束，后面的 case 依次执行，因此会得到上面的结果。若想执行完匹配的分支语句后跳出选择结构，则需要结合 break 语句。

在 C 语言中，break 语句具有特殊的作用，起到中断和跳出的功能。break 语句可以用在

switch 语句中，加上 break 语句的流程图如图 4-5 所示。

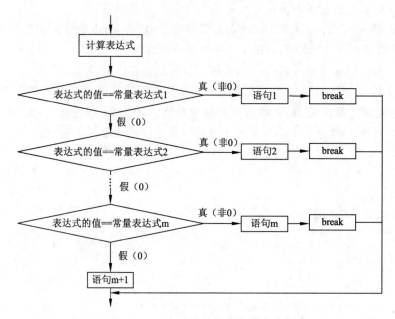

图 4-5 带 break 的 switch 语句流程图

可以在每个 case 分支的后面加上 break 语句，如果某个分支被执行后，接着执行 break 语句跳出选择结构，因此例 4.6 可以修改为：

```c
#include <stdio.h>
void main()
{
    int a,b;
    printf("请输入您的成绩（0-100之间）\n");
    scanf("%d",&a);
    b=a/10;
    switch(b)
    {
        case 10:
        case 9:printf("您的成绩为：优秀\n");break;
        case 8:printf("您的成绩为：良好\n");break;
        case 7:printf("您的成绩为：中等\n");break;
        case 6:printf("您的成绩为：及格\n");break;
        case 5:
        case 4:
        case 3:
        case 2:
        case 1:
        case 0:printf("您的成绩为：不及格\n");break;
        default:printf("输入错误!\n");
    }
}
```

【运行结果】

请输入您的成绩（0-100之间）

89
您的成绩为：良好

【程序说明】输入成绩 89 后，变量 a 的值为 89，然后执行语句 b=a/10;后变量 b 的值为 8，即 switch 后面括号的表达式值为 8，再依次判断与下面哪个 case 分支后面的表达式匹配，此时输出"良好"后，接着执行 break 语句，跳出选择结构，因此可以得到正确的结果。

【例 4.7】编写一个简单计算器，可以进行加减乘除运算。

```
#include <stdio.h>
void main()
{
    char ch;
    int a,b;
    scanf("%d%c%d",&a,&ch,&b);
    switch(ch)
    {
        case '+':
            printf("%d + %d = %d\n",a,b,a+b);
            break;
        case '-':
            printf("%d - %d = %d\n",a,b,a-b);
            break;
        case '/':
            printf("%d / %d = %d\n",a,b,a/b);
            break;
        case '*':
            printf("%d * %d = %d\n",a,b,a*b);
            break;
        default:
            printf("input error\n");
    }
}
```

【运行结果】
15*3
15 * 3 = 45

【程序说明】程序中声明了字符变量 ch 用来存放操作符，变量 a 和 b 用来存放操作数。通过 scanf 函数读取两个操作数和一个操作符，然后依次比较 ch 中保存的操作符与哪个 case 分支一致，就执行该分支的语句。

【例 4.8】新个税法于 2019 年 1 月 1 日起施行，新个税法规定，纳税人的工资、薪金所得，先行以每月收入额减除费用五千元以及专项扣除和依法确定的其他扣除后的余额为应纳税所得额，依照个人所得税税率表（综合所得适用）按月换算后计算应缴纳税款。编写个人所得税计算程序。

【程序分析】
应纳税所得额=工资总额-5 000-三险一金-专项附加扣除
税率如表 4-1 所示。

表 4-1 个人所得税税率

级 数	应纳税所得额	税率/%
1	不超过 3 000 元	3
2	超过 3 000 元至 12 000 元的部分	10
3	超过 12 000 元至 25 000 元的部分	20
4	超过 25 000 元至 35 000 元的部分	25
5	超过 35 000 元至 55 000 元的部分	30
6	超过 55 000 元至 80 000 元的部分	35
7	超过 80 000 元的部分	45

分别设置变量 ynssd、gzze、sxyj、zxkc、sds 保存应纳税所得额、工资总额、三险一金、专项附加扣除和所得税。则 ynssd=gzze-sxyj-zxkc-5 000，再根据 ynssd 的值在表 4-1 中得到对应的税率，进而计算出个人应缴纳的所得税。

```c
#include <stdio.h>
void main()
{
    long int ynssd,gzze,sxyj,zxkc;
    double sds;
    printf("请输入您本月的工资总额:\n");
    scanf("%ld",&gzze);
    printf("请输入您本月的三险一金:\n");
    scanf("%ld",&sxyj);
    printf("请输入您本月的专项附加扣除:\n");
    scanf("%ld",&zxkc);
    ynssd=gzze-sxyj-zxkc-5000;
    if(ynssd>0)
    {
        if(ynssd<3000)
            sds=ynssd*0.03;
        else if(ynssd<=12000)
            sds=3000*0.03+(ynssd-3000)*0.1;
        else if(ynssd<=25000)
            sds=3000*0.03+9000*0.1+(ynssd-12000)*0.2;
        else if(ynssd<=35000)
            sds=3000*0.03+9000*0.1+13000*0.2+(ynssd-25000)*0.25;
        else if(ynssd<=55000)
            sds=3000*0.03+9000*0.1+13000*0.2+10000*0.25+(ynssd-35000)*0.30;
        else if(ynssd<=80000)
            sds=3000*0.03+9000*0.1+13000*0.2+10000*0.25+20000*0.30+
            (ynssd-55000)*0.35;
        else
            sds=3000*0.03+9000*0.1+13000*0.2+10000*0.25+20000*0.30+
            25000*0.35+(ynssd-80000)*0.45;
        printf("您本月应缴纳的个人所得税为%.2f元\n",sds);
    }
    else
        printf("您本月应缴纳的个人所得税为 0 元\n");
}
```

【运行结果】

请输入您本月的工资总额：
35780
请输入您本月的三险一金：
3250
请输入您本月的专项附加扣除：
2000
您本月应缴纳的个人所得税为 3722.50 元

习 题 四

1. 选择题

（1）下列叙述正确的是（　　　）。

    A. switch 后面的表达式的值可以是任何类型

    B. default 语句是必需的

    C. switch 语句是多分支选择语句，又称开关语句，可以轻松地完成多个条件的选择

    D. switch 语句中必须有 break 语句

（2）C 语言对嵌套 if 语句的规定是：else 总是与（　　　）配对。

    A. 其之前最近的 if   B. 第一个 if

    C. 缩进位置相同的 if   D. 其之前最近且不带 else 的 if

（3）执行下列程序后，输出的结果为（　　　）。

```
#include <stdio.h>
void main()
{
    int a=2,b=4,c=5;
    if(c=a+b)  printf("yes\n");
    else      printf("no\n");
}
```

    A. yes   B. no   C. 1   D. 0

（4）有以下程序：

```
#include <stdio.h>
void main()
{
    int x;
    scanf("%d",&x);
    if(x<=2); else
    if(x!=8) printf("%d\n",x);
}
```

    运行程序时，输入的值在（　　　）范围才会输出结果。

    A. 不等于 8 的整数   B. 小于或等于 2 的整数

    C. 大于 2 且不等于 8 的整数   D. 大于 2 或不等于 8 的整数

（5）执行下列程序后的输出结果为（　　　）。

```
#include <stdio.h>
void main()
```

```
{
    int a=1,b=2,c=3;
    if(a<b)
        if(b<c) printf("%d",++c);
        else printf("%d",++b);
    printf("%d",a++);
}
```

  A. 2   B. 41   C. 1   D. 331

（6）执行下列程序后的输出结果为（   ）。

```
#include <stdio.h>
void main()
{
    int a=0,i=1;
    switch(i)
    {
        case 0:
        case 1:a+=2;
        case 2:
        case 3:a+=3;
        default:a+=5;
    }
    printf("%d\n",++a);
}
```

  A. 2   B. 11   C. 10   D. 3

（7）下列关于 if 语句的说法不正确的是（   ）。

  A. if 语句的表达式只能是关系表达式或逻辑表达式

  B. if 后面的语句通常情况下以复合语句的形式出现，必须使用一对花括号将多条
语句括起来。如果语句只有一条，则可以不使用花括号

  C. if 后面的表达式必须用括号括起来

  D. 当表达式为关系表达式时，如果条件是判断是否相等，需要使用 "=="，而不是 "="

（8）已知 x=3，执行语句 if (x)　x=1;else x=6;后 x 的值为（   ）。

  A. 1   B. 3   C. 6   D. 0

（9）能将两个变量 x、y 中值较小的一个赋给变量 z 的语句是（   ）。

  A. if (x<y) z=x;   B. if (x>y) z=y;

  C. z=x<y?x:y;   D. z=x>y?x:y;

（10）执行下列程序后，输出的结果为（   ）。

```
#include <stdio.h>
main()
{
    int a=0,b=0,c=0,d=0;
    if(a==1) b=1;
    else d=3;
    c=2;
    printf("%d,%d,%d,%d",a,b,c,d);
}
```

  A. 1,1,2,3   B. 0,0,2,3

C．1,1,3,2　　　　　　　　　　　　D．0,1,2,3

2．编程题

（1）输入 3 个整型数，按从大到小的顺序输出。

（2）输入一个整数，判断其是奇数还是偶数。

（3）根据公式计算身高体重是否标准，判断标准如下：

　　　男士体重=身高-100±3

　　　女士体重=身高-110±3

　　　输入性别、身高、体重，判断体重是否标准。

（4）输入一个年份，判断是否为闰年。闰年的判断条件：能被 4 整除但不能被 100 整除或能被 400 整除。

（5）根据 x 的值输出 y 的值。

　　　① $y=x$（$x<0$）

　　　② $y=2x+1$（$0<=x<5$）

　　　③ $y=3x-12$（$x>=5$）

第5章

循环结构程序设计

循环结构可以使程序反复执行某些语句，在程序设计中采用循环结构可以大大降低代码的长度和复杂度，提高程序的可读性。循环结构有 3 种基本的形式：while 语句、do...while 语句和 for 语句。本章主要介绍这 3 种形式实现循环的方法，让读者掌握循环结构程序设计的基本思想。

5.1　while 语句

while 语句实现循环，其一般形式为：

```
while(表达式)
    语句；
```

while 语句的执行过程如图 5-1 所示，首先判断表达式是否成立，即判断表达式的逻辑值是真（非 0）还是假（0），如果表达式的值为真（非 0），则执行语句（循环体），接着再次判断表达式的值，如果为真，继续执行循环体，直到条件不成立即表达式的值为假（0）时，退出循环语句，执行下一条语句。

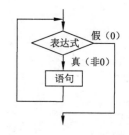

图 5-1　while 语句流程图

说明：

① while 后面的表达式必须用括号括起来，这里的表达式通常为关系表达式或逻辑表达式，也可以是数值表达式。当表达式为数值时，非 0 的数值为真，数值 0 为假。

② while 后面的语句称为循环体，通常情况下是以复合语句的形式出现的，必须使用一对花括号将多条语句括起来。

③ 当表达式为关系表达式时，如果条件是判断是否相等，需要使用"=="，而不是"="。"="在 C 语言中是赋值运算符。

④ while 语句称为当型循环，特点是先判断条件是否成立，如果成立，则执行循环体，如果一开始条件就不成立，则循环体一次也不被执行。

⑤ 循环体需要有能够改变表达式值的语句，使得表达式的值为假（0），结束循环，否则会出现死循环。

【例 5.1】用 while 语句求 1+2+3+4+…+100 的和。

```c
#include <stdio.h>
void main()
{
    int i=1,sum=0;
    while(i<=100)
    {
        sum=sum+i;
        i++;
    }
    printf("1+2+3+4+…+100 的和是:%d\n",sum);
}
```

【运行结果】

```
1+2+3+4+…+100 的和是:5050
```

【程序说明】变量 sum 用于存放和，循环变量 i 用于控制循环。第一次判断循环条件时，i=1，while 后面的表达式 1<=100 的逻辑值为真，也就是循环条件成立，执行循环体。循环体中有两条语句，sum=sum+i;的功能是把变量 i 的值（数值 1）加上原来变量 sum 的值（数值 0）重新赋给变量 sum。i++的功能是给循环变量增加 1，此时 i 的值为 2，本次循环结束，再次判断此时的表达式 i<=100 即 2<=100 是否成立，若成立再次执行循环体，此时 sum 等于原来的 1 加上 2，即当 i=2 时，求出 1+2 的和。此后反复执行循环体，直到 i 的值等于 100 时，循环条件仍然成立，sum=1+2+3…+100，再执行 i++，i 的值等于 101，循环条件不再成立，while 循环结束。

【例 5.2】输入 1~12 月的工资，计算 12 个月的工资总和及平均工资。

```c
#include <stdio.h>
void main()
{
    int i=1,gz;
    double pjgz;
    long int sum=0;
    while(i<=12)
    {
        printf("请输入%d 月的工资:\n",i);
        scanf("%d",&gz),
        sum=sum+gz;
        i++;
    }
    pjgz=(double)(sum)/12;
    printf("12 个月的工资和是:%d 元,平均工资是%.2f 元\n",sum,pjgz);
}
```

【运行结果】

```
请输入 1 月的工资:
5213
请输入 2 月的工资:
4800
请输入 3 月的工资:
6500
请输入 4 月的工资:
5366
```

```
请输入 5 月的工资:
5623
请输入 6 月的工资:
6000
请输入 7 月的工资:
5464
请输入 8 月的工资:
4999
请输入 9 月的工资:
5554
请输入 10 月的工资:
6231
请输入 11 月的工资:
4997
请输入 12 月的工资:
6002
12 个月的和是:66749 元,平均工资是 5562.42 元
```

【**程序说明**】此程序和例 5.1 类似,定义循环变量 i 控制循环。用 sum 保存 12 个月工资的和,这里请注意 pjgz=(double)(sum)/12;这条语句,请体会(double)的作用。

5.2　do...while 语句

do...while 语句实现循环,其一般形式为:

```
do
    语句
while(表达式);
```

do...while 语句的执行过程如图 5-2 所示,首先执行一次指定的循环体语句,然后再判断表达式是否成立,如果表示式的值为真(非 0),则再次执行语句(循环体),直到条件不成立即表达式的值为假(0)时,退出循环语句,执行下一条语句。

说明:

① do 是 C 语言的关键字,必须和 while 配合使用。

② do 后面的语句称为循环体,通常情况下是以复合语句的形式出现的,必须使用一对花括号将多条语句括起来。

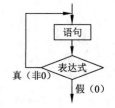

图 5-2　do...while 语句流程图

③ do...while 语句特点是先无条件地执行一次循环体,然后再判断循环条件是否成立,也就是说 do...while 语句的循环体至少要执行一次。

④ while(表达式)后面的分号不能丢,它表示 do...while 语句的结束。

【**例 5.3**】用 do...while 语句求 1+2+3+4+…+100 的和。

```c
#include <stdio.h>
void main()
{
    int i=1,sum=0;
    do
    {
        sum=sum+i;
```

```
        i++;
    }while(i<=100);
    printf("1+2+3+4+…+100 的和是:%d\n",sum);
}
```

【运行结果】

1+2+3+4+…+100 的和是:5050

【程序说明】例 5.1 和 5.3 执行的结果是相同的,程序完成的功能也是相同的。while 语句和 do...while 语句有什么不同呢？ 如果 i=101,请比较两个程序的输出结果,并分析原因。

【例 5.4】编程实现猜数字游戏,假设谜底为 0~10 的整数,猜谜者每次输入一个整数,直到猜对为止。

```
#include <stdio.h>
void main()
{
    int pwd=8,gs; //pwd:谜底
    printf("猜字游戏开始\n");
    do
    {
        printf("请输入 (0~10)的数字:");
        scanf("%d",&gs);
    }while(gs!=pwd);
    printf ("恭喜您,猜对了!\n");
    printf ("游戏结束!\n");
}
```

【运行结果】

猜字游戏开始
请输入 (0~10)的数字:9
请输入 (0~10)的数字:6
请输入 (0~10)的数字:4
请输入 (0~10)的数字:8
恭喜您,猜对了!
游戏结束!

【程序说明】本程序中预先设置猜字游戏的谜底为 8,第一次执行循环体,输入数字 9。循环体结束后,判断 while 后面表达式 gs!=pwd 的值,此时为真,所以再一次执行循环体,再次提示输入数字。只有输入的数字等于 8 时,表达式 gs!=pwd 的值为假,循环条件不成立,退出循环。

5.3　for　语　句

在 C 语言中,除了 while 语句和 do...while 语句实现循环外,还可以使用 for 语句,for 语句一般用于循环次数已知的情况,其一般形式如下:

for(表达式 1;表达式 2;表达式 3)
　　语句;

for 语句中有三个表达式,它们的作用分别是:

表达式 1:给循环变量设置初始值,只执行一次。

C 语言程序设计教程 ————————————————————————————————

表达式 2：循环条件表达式，根据此表达式的值判断是否执行循环体。

表达式 3：改变循环变量的值。

for 语句执行过程：

① 计算表达式 1 的值，即给循环变量赋初值。

② 计算表达式 2 的值，判断循环条件是否成立，如果条件表达式的值为真（非 0），则执行循环体语句，然后执行第③步。条件表达式的值为假（0），则结束循环。

③ 计算表达式 3 的值，改变循环变量的值。

④ 转回到步骤②继续执行。

for 语句的流程图如图 5-3 所示。

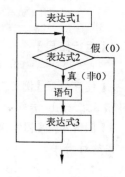

图 5-3　for 语句流程图

【例 5.5】用 for 语句求 1+2+3+4+…+100 的和。

```
#include <stdio.h>
void main()
{
    int i,sum=0;
    for(i=1;i<=100;i++)
        sum=sum+i;
    printf("1+2+3+4+…+100 的和是:%d\n",sum);
}
```

【运行结果】

```
1+2+3+4+…+100 的和是:5050
```

【程序说明】

① 在例 5.5 中,for 语句的表达式 1 为 i=1,作用是给循环变量赋初值。表达式 2 为 i<=100,作用是判断循环条件是否成立。表达式 3 为 i++,作用是改变循环变量的值。

② 表达式 1 可以省略，可以把给变量赋初值的过程放到 for 语句的前面。例 5.5 可以改成：

```
#include <stdio.h>
void main()
{
    int i=1,sum=0;
    for(;i<=100;i++)
        sum=sum+i;
    printf("1+2+3+4+…+100 的和是:%d\n",sum);
}
```

③ 表达式 2 可以省略，如果省略，将不会再判断循环结束的条件，此时需要在循环体内增加 if 单分支判断条件，否则循环将无终止地进行，形成死循环。

④ 表达式 3 可以省略，可以把表达式 3 放到循环体内，改变循环变量的值。例 5.5 可以改成：

```
#include <stdio.h>
void main()
{
    int i,sum=0;
    for(i=1;i<=100;)
    {
        sum=sum+i;
        i++;
```

```
    }
    printf("1+2+3+4+…+100 的和是:%d\n",sum);
}
```

⑤ 表达式 1、表达式 2、表达式 3 同时省略时 for 语句就是一个无限循环语句。

⑥ for 语句中可以仅有表达式，而没有语句，例如：

`for(i=1;i<=1000;i++);`

此时循环语句执行 1 000 次循环体，而循环体为空语句，这种情况一般用于程序中的延时处理。

⑦ for 语句中的表达式 1 和表达式 3 可以是一个简单的表达式也可以是逗号表达式。如例 5.5 可以改成：

```
#include <stdio.h>
void main()
{
    int i,sum;
    for(i=1,sum=0;i<=100;i++)
        sum=sum+i;
    printf("1+2+3+4+…+100 的和是:%d\n",sum);
}
```

【例 5.6】从键盘上输入一个数 n，用 for 语句求 n!。

【程序分析】首先要清楚阶乘的定义，所谓 n 的阶乘，就是从 1 开始乘以比前一个数大 1 的数，一直乘到 n，用公式表示就是：$1 \times 2 \times 3 \times 4 \times \cdots \times (n-2) \times (n-1) \times n=n!$。具体的操作：利用循环解决问题，设循环变量为 i，初值为 1，i 从 1 变化到 n；依次让 i 与 m 相乘，并将乘积赋给 m。

程序代码如下：

```
#include <stdio.h>
void main()
{
    int i,n;
    double m=1;
    printf("请输入一个数字:\n");
    scanf("%d",&n);
    for(i=1;i<=n;i++)
        m=m*i;
    printf("%d!=%f",n,m);
    printf("\n");
}
```

【运行结果】

```
请输入一个数字:
5
5!=120.000000
```

【程序说明】由于阶乘一般较大，会超出整型甚至是长整型所能表示的范围，因此定义变量时就不能定义为整型，而应该考虑双精度实数。

前面分别介绍了 while 语句、do...while 语句和 for 语句，3 种循环语句处理问题时一般可以互相代替，但是它们之间还是有区别的：

① for 语句一般用于循环次数已知的循环。

② while 语句、do...while 语句一般用于循环次数未知但循环控制条件容易给出的循环。

③ while 语句、do...while 语句在循环体内应该有使得循环趋于结束的语句，即有使循环条件不成立的语句，而 for 语句在表达式 3 完成本项工作。

④ while 语句、do...while 语句，循环变量的初始化操作在 while 语句、do...while 语句之前完成，而 for 语句可以在表达式 1 中完成循环变量的初始化。

⑤ while 语句先判断循环条件，再决定是否执行循环体。而 do...while 语句无条件地先执行一次循环体，再判断循环条件。因此 do...while 语句至少执行循环体一次，而 while 语句有可能一次也不执行。

5.4　break 和 continue 语句

1. break 语句

前面在 switch 选择结构中已经使用过 break 语句，它的功能是跳出 switch 结构。break 语句也能用于循环语句中，提前结束循环，转去执行循环语句后面的程序。

break 语句的一般形式为：

```
break;
```

【例 5.7】某学院 800 名学生进行捐款，当捐款总额达到 50 000 元时募捐结束，统计此时捐款的人数和捐款的总额。

【程序分析】本程序用循环来处理，循环输入学生的捐款数字。但是由于是捐款，每位学生的金额不固定，因此循环的次数不能固定，这里只能给出循环次数的最大值 800。在循环体中可以增加一个判断，就是每次计算捐款总额后，用捐款总额和 50 000 元进行对比，只要捐款总额大于等于 50 000 元，就使用 break 语句提前结束循环。

程序代码如下：

```c
#include <stdio.h>
void main()
{
    float amount,sum=0;
    int i;
    for(i=1;i<=800;i++)
    {
        printf("请输入捐款金额:");
        scanf("%f",&amount);
        sum=sum+amount;
        if(sum>=50000) break;
    }
    printf("当前捐款的人数为%d人，捐款总数为%10.2f，捐款结束\n",i,sum);
}
```

【运行结果】

```
请输入捐款金额:1223.8
请输入捐款金额:4500
请输入捐款金额:3465
请输入捐款金额:12030
请输入捐款金额:6540.6
```

请输入捐款金额:12350
请输入捐款金额:5678
请输入捐款金额:22346
当前捐款的人数为 8 人，捐款总数为　68133.40，捐款结束

2．continue 语句

continue 语句的一般形式为：

continue;

continue 语句的作用是提前结束本次循环，接着执行下次循环，而并不是跳出整个循环结构。

【例 5.8】编程计算 1～30 内奇数的和。

```c
#include <stdio.h>
void main()
{
    int i,sum=0;
    for(i=1;i<30;i++)
    {
        if(i%2==0) continue;
        sum+=i;
    }
    printf("1-30 内奇数的和是%d\n",sum);
}
```

【运行结果】

1-30 内奇数的和是 225

【程序说明】本程序依次判断从 1 到 30 内的所有数字，当数字对 2 求余等于 0 时，则表示该数字为偶数，执行 continue 语句，本次循环结束，接着执行下次循环，因此不执行 sum+=i 的操作，也就是偶数不会进行加的操作。只有当 i 的值是奇数且 i 的值小于 30 时，表达式 i%2==0 不成立，不会执行 continue 语句，接着执行后面的 sum+=i。

break 语句与 continue 语句的区别：continue 语句只结束本次循环，而不是终止整个循环的执行，而 break 语句则是结束整个循环过程，不再判断执行循环的条件是否成立。带 break 语句和 continue 语句的循环执行流程图如图 5-4、图 5-5 所示。表达式 1 为循环条件表达式，判断循环条件是否成立。表达式 2 是 if 语句后面的表达式，如果成立，对于 break 退出循环结构，对于 continue 结束本次循环。

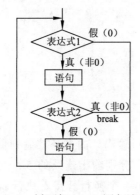　　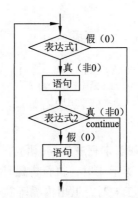

图 5-4　循环加 break 语句流程图　　　　图 5-5　循环加 continue 语句流程图

5.5 循环的嵌套

一个循环体内完整地包含另外一个循环称为循环的嵌套。while 语句、do...while 语句、for 语句可以互相嵌套。循环嵌套可以多层，但实际应用中不提倡使用过多的嵌套层次。常见的循环嵌套形式如表 5-1 所示。

表 5-1　循环的嵌套形式

while() { 　 while() 　 {…} }	do { 　 while() 　 {…} } while();	for(;;) { 　 for(;;) 　 {…} }
while() { 　 do{…} 　 while(); }	do { 　 do{…} 　 while() } while();	for(;;) { 　 while() 　 {…} }
while() { 　 for(;;) 　 {…} }	do { 　 for(;;) 　 {…} } while();	for(;;) { 　 do{…} 　 while(); }

使用循环嵌套时应该注意以下问题：

① 循环体嵌套时不能交叉，一个循环体必须完整地包含另外一个循环体。

② 内循环和外循环的循环变量不能同名。

③ 嵌套最好采用缩进的方式书写代码，层次清晰。

【例 5.9】编程输出下列图形。

```
*****
*****
*****
*****
*****
#include <stdio.h>
void main()
{
    int i,j;
    for(i=1;i<=5;i++)
    {
        for(j=1;j<=5;j++)
            printf("*");
        printf("\n");
    }
}
```

【程序说明】本程序为 for 语句的嵌套，外循环控制行输出，内循环控制列输出。当外循环变量 i 的值等于 1 时，执行内循环 j 的值从 1 到 5 时，分别输出连续的 5 个星号。内循环变量 j 的值等于 6 时，退出内循环执行 printf("\n");，输出一个换行。接着执行 i++，i 的值为

2，再次执行内循环，又连续输出 5 个星号。直到循环变量 i 的值等于 6 时，彻底退出循环结构。

【例 5.10】输出九九乘法表。

```c
#include <stdio.h>
void main()
{
    int i,j;
    for(i=1;i<10;i++)
    {
        for(j=1;j<=i;j++)
        {
            printf("%d*%d=%d\t",i,j,i*j);
        }
        printf("\n");
    }
}
```

【运行结果】

```
1*1=1
2*1=2   2*2=4
3*1=3   3*2=6   3*3=9
4*1=4   4*2=8   4*3=12  4*4=16
5*1=5   5*2=10  5*3=15  5*4=20  5*5=25
6*1=6   6*2=12  6*3=18  6*4=24  6*5=30  6*6=36
7*1=7   7*2=14  7*3=21  7*4=28  7*5=35  7*6=42  7*7=49
8*1=8   8*2=16  8*3=24  8*4=32  8*5=40  8*6=48  8*7=56  8*8=64
9*1=9   9*2=18  9*3=27  9*4=36  9*5=45  9*6=54  9*7=63  9*8=72  9*9=81
```

【例 5.11】我国古代数学家张丘建在《算经》一书中曾提出过著名的"百钱买百鸡"问题。公鸡一只五块钱，母鸡一只三块钱，小鸡三只一块钱，现在要用一百块钱买一百只鸡，问公鸡、母鸡、小鸡各多少只？

```c
#include <stdio.h>
void main()
{
    int i,j,k;
    printf("百元买百鸡的问题所有可能的解如下: \n");
    for(i=0;i<=100;i++ )
        for(j=0;j<=100;j++ )
            for(k=0;k<=100;k++ )
            {
                if(5*i+3*j+k/3==100 && k%3==0 && i+j+k==100)
                {
                    printf("公鸡 %2d 只，母鸡 %2d 只，小鸡 %2d 只\n", i, j, k);
                }
            }
}
```

【运行结果】

```
百元买百鸡的问题所有可能的解如下:
公鸡  0 只，母鸡 25 只，小鸡 75 只
公鸡  4 只，母鸡 18 只，小鸡 78 只
```

公鸡 8 只，母鸡 11 只，小鸡 81 只

公鸡 12 只，母鸡 4 只，小鸡 84 只

【程序说明】本程序采用了 for 的 3 层循环实现穷举法，试验了每种组合的可能性，循环体执行了 1 030 301 次，试修改程序减少循环执行的次数，提高程序执行的效率。

习 题 五

1. 选择题

（1）下列叙述错误的是（　　　）。

    A. while 语句、do...while 语句、for 语句都是用于循环的语句

    B. while 语句、do...while 语句在任何情况下都可以互换

    C. continue 语句的作用是提前结束本次循环，接着执行下次循环

    D. break 的作用是提前结束循环过程

（2）对于下面两个循环语句，下面的叙述正确的是（　　　）。

    ① while(1);　② for(; ;);

    A. ①②都是死循环　　　　　　　B. ①死循环，②错误

    C. ①循环执行一次②死循环　　　C. ①②都是错误的语句

（3）执行语句 for(i=1;i<6;i+=2); 后，变量 i 的值是（　　　）。

    A. 5　　　　　　B. 6　　　　　　C. 7　　　　　　D. 8

（4）执行下列程序后，输出的结果为（　　　）。

```c
#include <stdio.h>
void main()
{
    int i;
    for(i=1;i<7;i++)
    {  if(i%2==0)
       { continue; }
       printf("%d",i);
    }
}
```

    A. 1　　　　　　B. 135　　　　　C. 2　　　　　　D. 246

（5）执行下列程序后，输出的结果为（　　　）。

```c
#include <stdio.h>
void main()
{
    int i=5,a=0;
    while(i<15)
    { for(; ;)
      {  if((i%5)==0)  break;
         else i--;
      }
        i+=10;
        a+=i;
    }
```

```
    printf("%d",a);
}
```

A. 15　　　　　B. 20　　　　　C. 25　　　　　D. 30

（6）执行下列程序后，输出的结果为（　　　）。

```
#include<stdio.h>
void main()
{
    int a=7;
    while(a--) ;
    printf("%d\n",a);
}
```

A. 0　　　　　B. -1　　　　　C. 1　　　　　D. 7

（7）以下关于 do…while 语句叙述正确的是（　　　）。

A. 循环体的执行次数总是比条件表达式的执行次数多一次

B. 条件表达式的执行次数总是比循环体的执行次数多一次

C. 条件表达式的执行次数与循环体的执行次数一样

D. 条件表达式的执行次数与循环体的执行次数无关

（8）由以下 while 构成的循环，循环的执行次数是（　　　）。

```
int i=0;
while(i=1)  i++;
```

A. 1　　　　　B. 无限次　　　　　C. 2　　　　　D. 0

（9）以下关于循环的嵌套叙述正确的是（　　　）。

A. 循环的嵌套，最多只能是两重嵌套

B. for 语句、while 语句、do…while 语句可以互相嵌套

C. 循环嵌套时，如果不采用缩进形式的代码书写，则会出现编译错误

D. 内循环和外循环的循环变量可以同名

（10）执行下列程序后，输出的结果为（　　　）。

```
#include <stdio.h>
void main()
{
    int i,k;
    for(i=0;i<4;i++)
    for(k=1;k<3;k++);printf("*");
}
```

A. ******　　　　　B. ***　　　　　C. **　　　　　D. *

2. 编程题

（1）水仙花数（Narcissistic Number）是指一个 3 位数，它的各位上的数字的 3 次幂之和等于它本身（例如：$1^3 + 5^3 + 3^3 = 153$），编程输出水仙花数。

（2）编程计算 1+3+5+…+99 的值。

（3）输入两个正整数 m 和 n，求其最大公约数和最小公倍数。

（4）一球从 100 米高度自由落下，每次落地后反跳回原高度的一半，再落下，求它在第 10 次落地时，共经过多少米？第 10 次反弹多高？

（5）编程输出以下图案。

```
   *
  ***
 *****
*******
 *****
  ***
   *
```

第 6 章
数　组

前面章节已经介绍了 C 语言中所有的基本数据类型，但基本数据类型远远不能满足需要。C 语言允许用户根据需要自行构造类型，如数组、指针、结构体、共用体和枚举类型等，其中数组是具有相同类型的有限数据的有序集合。一个数组可以分解为多个数组元素，这些数组元素可以是基本数据类型也可以是构造类型。按照数组元素的类型不同，数组可以分为数值数组、字符数组、指针数组、结构体数组等。按数组的维数又可分为一维数组、二维数组和多维数组。本章主要介绍一维数组、二维数组和字符数组的定义以及数组元素的引用等，使读者能够掌握数组和字符串的操作方法。

6.1　认识数组

前面章节所使用的变量都有一个共同特点，就是每个变量只能存储一个数值。当存在多个数据时则需要定义多个变量。比如一个商店有 6 种商品，每种商品价格不同，求这 6 种商品的平均价格，则需要定义 6 个 float 型简单变量分别表示 6 种商品的价格。那么，当有 1000 种商品的时候呢？

实际上这些数据都是同一种性质的数据（都表示一种商品的价格），可以用同一个名字（如 price）表示它们。数组表示的就是一组数据类型相同的数，这组数中的每一个元素都是一个简单变量。数组就是用来存储和处理一组相同类型的数据的。如表 6-1 所示，每一列都是同一种数据类型，则可以为每一列创建一个数组。序号列可以用整型数组，商品列可以用字符型数组，价格列可以用浮点型数组。

表 6-1　商品价格表

序　　号	商品（类别）	价格/元
1	a	10.5
2	b	29
3	c	40
4	d	30.5

续表

序　号	商品（类别）	价格（元）
5	e	100
6	f	50

　　数组在 C 语言中有非常重要的地位，将数组与循环结合起来使用，可以有效地处理大批量的数据，大大提高效率。

6.2　一维数组的定义和引用

　　一维数组是最简单的数组，使用一维数组存储一组类型相同的数据，用下标区别数组中不同的元素。表 6-1 中每一列建立的数组就是一维数组。

6.2.1　一维数组的定义

　　在 C 语言中使用数组前必须先定义。

　　定义一维数组的一般形式为：

类型说明符 数组名[数组长度];

　　类型说明符指定数组中每个元素的类型；数组名是用户定义的数组标识符，遵循标识符命名规则，不能与其他变量重名；数组长度表示数组中数据元素的个数，即数组的大小。数组定义后，数组长度不能再改变。例如：

```
int price[6];
```

表示定义了一个数组名为 price 的一维数组，方括号中的 6 规定了数组 price 共有 6 个元素，分别是 price[0]、price[1]、price[2]、price[3]、price[4]、price[5]，每个元素都是 int 类型的独立变量。

　　经过上面语句的定义，相当于在内存中划出了一片连续的存储空间存放这个数组中的 6 个整型元素，假设 int 类型占 4 字节，数组起始地址为 1000，则其内存分配形式如图 6-1 所示。

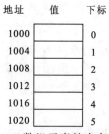

图 6-1　数组元素的内存状态

　　说明：

　　① 数组名是一个地址常量，存放数组内存空间的首地址，即数组首元素的地址。

　　② 数组定义时，数组长度必须是一个正整数值，可以是符号常量或常量表达式，不能包含变量。例如：

```
int price[3+4];
```

是合法的语句。

```
int n,price[n];
```
是不合法的语句。

③　数组定义时，可以用一个类型说明符定义多个相同类型的数组和变量，相互间用逗号分隔。例如：
```
int a[10],max,min;
```
定义了一维数组 a 和整型变量 max 及 min。

6.2.2　一维数组的引用

在定义数组并对其中各元素赋值后，就可以引用数组中的元素了。C 语言规定，只能逐个引用数组元素而不能引用整个数组。

数组元素的引用要指定下标，其表示形式为：

数组名[下标]

例如：price[0]是上面已经定义好的数组 price 中序号为 0 的元素。

说明：

①　下标可以是整型常量或整型表达式，整型表达式内允许变量存在。例如：

若有定义
```
int n=3,price[6];
```
则
```
price[n]=price[1]+2;
price[3]=price[0]+price[3+2];
```
都是合法的 C 语句。

②　下标的取值范围是[0,数组长度−1]。下标从 0 开始，不能越界。例如：前面定义的数组 price 有 6 个元素，最大下标值是 5，不存在数组元素 price[6]。

③　注意区分数组的定义和数组元素的引用，两者表示形式相同，但含义不同。例如：
```
int a[10];
```
a[10]表示定义数组时指定数组中包含 10 个元素。
```
a[5]=9;
```
a[5]表示引用数组 a 中序号为 5 的元素。

【例 6.1】数组的输入和输出举例。
```
#include <stdio.h>
void main()
{
    int i,a[5];
    printf("请输入 5 个整数:\n");
    for(i=0;i<5;i++)
        scanf("%d",&a[i]);
    printf("输出数组元素的值:\n");
    for(i=0;i<5;i++)
        printf("a[%d]=%d\n",i,a[i]);
}
```
【运行结果】

请输入 5 个整数:

```
3 6 78 25 9
输出数组元素的值:
a[0]=3
a[1]=6
a[2]=78
a[3]=25
a[4]=9
```

【例 6.2】对 10 个数组元素依次赋值为 0、1、2、3、4、5、6、7、8、9,然后将各元素值增大一倍,并逆序输出。

```
#include <stdio.h>
void main()
{
    int i,a[10];
    for(i=0; i<=9;i++)
        a[i]=i;
    for(i=0;i<=9;i++)
        a[i]=2*a[i];
    printf("逆序输出:\n ");
    for(i=9;i>=0;i--)
        printf("%d ",a[i]);
    printf("\n");
}
```

【运行结果】

```
逆序输出:
18 16 14 12 10 8 6 4 2 0
```

【程序说明】定义一个长度为 10 的整型数组,要赋的值是 0~9,根据元素值和下标的关系,通过第一个 for 循环给数组的每个元素依次赋值,然后通过第二个 for 循环改变数组各元素的值,第三个 for 循环按照下标从大到小输出 10 个元素,实现逆序输出。

6.2.3 一维数组的初始化

与简单变量初始化一样,定义数组时也可以对数组元素赋初值。

一维数组初始化的形式为:

类型说明符 数组名[数组长度]={初始化列表};

初始化列表内的各个初值之间用逗号分隔,数值类型必须与数组类型一致。系统将按初值的排列顺序,顺次给数组元素赋值。

1. 在定义数组时对全部数组元素进行初始化

例如:

```
int a[10]={0,1,2,3,4,5,6,7,8,9};
```

定义数组 a,并对 10 个数组元素赋初值,此时 a[0]=0,a[1]=1,a[2]=2,a[3]=3,a[4]=4,a[5]=5,a[6]=6,a[7]=7,a[8]=8,a[9]=9。

2. 定义数组时可以只对部分数组元素进行初始化

例如:

```
int a[10]={0,1,2,3};
```

定义数组 a 有 10 个元素，但初始化列表只有 4 个初值，则只给前 4 个元素赋初值，其余元素初值为 0，即 a[0]=0，a[1]=1，a[2]=2，a[3]=3，a[4]=0，a[5]=0，a[6]=0，a[7]=0，a[8]=0，a[9]=0。

```
int a[10]={0};
```

表示对数组 a 中所有元素赋初值 0。

3. 在对全部数组元素赋初值时，可以省略数组长度

例如：

```
int a[ ]={1,2,3,4,5};
```

等价于：

```
int a[5]={1,2,3,4,5};
```

只对部分元素初始化，数组长度是不能省略的。为了尽量避免出错，建议读者在定义数组时，不管是否对全部元素赋初值，都不要省略数组长度。

【例 6.3】数组初始化举例。

```
#include <stdio.h>
void main()
{
    int a[6]={0},i;
    double b[6]={0.0,1.1};
    char ch[6]={'a','b'};
    printf("整型数组元素的值\n");
    for(i=0;i<6;i++)
        printf("a[%d]=%d  ",i,a[i]);
    printf("\n");
    printf("浮点型数组元素的值\n");
    for(i=0;i<6;i++)
        printf("b[%d]=%5.2lf  ",i,b[i]);
    printf("\n");
    printf("字符型数组元素的值\n");
    for(i=0;i<6;i++)
        printf("ch[%d]=%d  ",i,ch[i]);
    printf("\n");
    for(i=0;i<6;i++)
        printf("ch[%d]=%c  ",i,ch[i]);
    printf("\n");
}
```

【运行结果】

```
整型数组元素的值
a[0]=0  a[1]=0  a[2]=0  a[3]=0  a[4]=0  a[5]=0
浮点型数组元素的值
b[0]= 0.00  b[1]= 1.10  b[2]= 0.00  b[3]= 0.00  b[4]= 0.00  b[5]= 0.00
字符型数组元素的值
ch[0]=97  ch[1]=98  ch[2]=0  ch[3]=0  ch[4]=0  ch[5]=0
ch[0]=a  ch[1]=b  ch[2]=  ch[3]=  ch[4]=  ch[5]=
```

【程序说明】定义数组时指定数组的长度并部分初始化，未被"初始化列表"指定初始化的数组元素，若为 int 类型和 double 类型数组，系统会自动把它们初始化为 0 和 0.0，若为 char 类型数组，系统会自动把它们初始化为'\0'。

【例 6.4】 用数组求 Fibonacci 数列前 20 项的值。

```
#include <stdio.h>
void main()
{
    int i;
    int f[20]={1,1};
    for(i=2;i<20;i++)
        f[i]=f[i-2]+f[i-1];
    for(i=0;i<20;i++)
    {
        if(i%5==0) printf("\n");
        printf("%12d",f[i]);
    }
    printf("\n");
}
```

【运行结果】

```
1           1           2           3           5
8           13          21          34          55
89          144         233         377         610
987         1597        2584        4181        6765
```

【程序说明】 用数组处理 Fibonacci 数列，每一个数组元素代表数列中的一个数，依次求出各数并存放在相应的数组元素中。定义数组 f 长度为 20，通过部分初始化将前两个元素 f[0] 和 f[1]指定为 1，根据数列的特点，从第三项开始每个数据项的值为前两个数据项的和，即 f[2]= f[0] +f[1]，通过 for 循环语句 f[i]=f[i-2] +f[i-1];计算 f[2]～f[9]的值。使用 if 语句控制换行，每行 5 项，一共 4 行。

6.3　二维数组的定义和引用

C 语言支持多维数组，用于解决一些实际问题，如矩阵和空间坐标等。一维数组有一个下标，多维数组有多个下标。最常见的多维数组是二维数组，主要用于表示二维表和矩阵。

6.3.1　二维数组的定义

二维数组中每个元素有两个下标，在逻辑上一般把二维数组看成一个具有行和列的表格或矩阵。

二维数组定义的一般形式：

类型说明符　数组名[常量表达式 1] [常量表达式 2];

常量表达式 1 表示第一维下标的长度，即二维数组的行数；常量表达式 2 表示第二维下标的长度，即二维数组的列数。两者的乘积，是二维数组元素的个数。例如：

```
int a[3][4];
```

定义了一个 3 行 4 列的整型数组 a，共有 3*4=12 个元素，数组 a 的逻辑结构相当于如下 3 行 4 列的矩阵：

· 88 ·

	第 0 列	第 1 列	第 2 列	第 3 列
第 0 行	a[0][0]	a[0][1]	a[0][2]	a[0][3]
第 1 行	a[1][0]	a[1][1]	a[1][2]	a[1][3]
第 2 行	a[2][0]	a[2][1]	a[2][2]	a[2][3]

和一维数组的定义一样,内存中会划出一片连续的存储空间来存放二维数组 a 的 12 个元素。元素排列的顺序是按行存放的,即在内存中先顺序存放第 0 行的元素,再存放第 1 行的元素……假设数组 a 起始地址为 1000,一个 int 类型数组元素占 4 字节,则数组元素在内存中的排列顺序如图 6-2 所示。

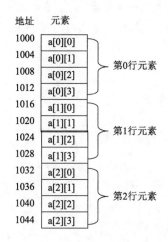

图 6-2　二维数组元素在内存中排列顺序示意图

说明:

① 二维数组只是在逻辑上是二维的,而在内存中,各元素顺序存放,不是二维的,是线性的。

② 二维数组可看作是一种特殊的一维数组,它的每个元素又是一个一维数组。例如:

```
int a[3][4];
```

可以把数组 a 看作是一个一维数组,包含 3 个元素 a[0]、a[1]、a[2],而每个元素又是一个含有 4 个元素的一维数组。

6.3.2　二维数组的引用

二维数组元素的引用和一维数组元素的引用类似,每次只能引用一个元素,而不能引用整个数组。

二维数组元素的表示形式为:

数组名 [行下标] [列下标]

说明:

① 行下标和列下标可以是整型常量、变量或整型表达式。

② 行下标的取值范围是[0,行数−1], 列下标的取值范围是[0,列数−1]。要注意下标取值不要超过数组的范围。例如:

若有定义

```
    int a[3][4];
```
则
```
    a[0][0]=3;
    a[0][1]=a[0][0]+10;
```
两种引用都是正确的。
```
    a[3][4]=3;
```
引用是错误的,下标越界超出了数组的范围。

【例 6.5】定义一个 3×2 的二维数组 a,数组元素的值由下式给出,按矩阵的形式输出 a

$$a[i][j]=i+j(0\leqslant i\leqslant 2,\ 0\leqslant j\leqslant 1)$$

【程序分析】分别设置变量 i、j 用来引用数组元素的行下标和列下标。
```c
#include <stdio.h>
void main()
{
    int a[3][2],i,j;
    for(i=0;i<3;i++)
        for(j=0;j<2;j++)
            a[i][j]=i+j;
    for(i=0;i<3;i++)
    {
        for(j=0;j<2;j++)
            printf("%4d",a[i][j]);
        printf("\n");
    }
}
```

【运行结果】
```
    0   1
    1   2
    2   3
```

【程序说明】用双重循环给数组 a 赋值和输出时,外循环对应行下标,内循环对应列下标。在输出时,首先输出每一行上的所有元素,由内循环实现,然后通过 printf("\n");语句换行进行下一行的输出。

6.3.3　二维数组的初始化

在定义二维数组的同时可以对数组元素赋初值,有两种初始化方法。

1.　分行赋初值

这种赋初值方法比较直观,每个花括号对应一行元素,即按行赋初值。例如:
```
    int a[2][3]={{1,2,3},{4,5,6}};
```
第一个花括号的数据依次赋值给第 0 行的元素,第二个花括号的数据依次赋值给第 1 行的元素,则有 a[0][0]=1,a[0][1]=2,a[0][2]=3,a[1][0]=4,a[1][1]=5,a[1][2]=6。

也可以只对部分元素初始化。例如:
```
    int a[2][3]={{1}};
```
初始化后,a[0][0]=1,其余元素全部自动赋初值 0。
```
    int a[3][4]={{1},{},{2}};
```

初始化后，a[0][0]=1，a[2][0]=2，其余元素全部自动赋初值 0。

2. 顺序赋初值

根据数组元素在内存中的存放顺序给各元素依次赋初值。例如：

```
int a[2][3]={1,2,3,4,5,6};
```

等价于

```
int a[2][3]={{1,2,3},{4,5,6}};
```

顺序赋初值也可以只对部分元素赋初值。例如：

```
int a[2][3]={1,2,3,4,5};
```

初始化后，a[0][0]=1，a[0][1]=2，a[0][2]=3，a[1][0]=4，a[1][1]=5，a[1][2]被自动赋值为 0。

二维数组初始化时，可以省略第一维的长度，但第二维的长度不能省。编译系统会根据初始化的情况，自动得到第一维的长度。所给初值的个数也不能多于数组元素的个数。例如：

```
int a[][3]={1,2,3,4,5,6,7};
```

等价于

```
int a[3][3]={1,2,3,4,5,6,7};
```

又如：

```
int b[][4]={{1},{4,5}};
```

等价于

```
int b[2][4]={{1},{4,5}};
```

【例 6.6】将一个二维数组的行和列元素互换，存到另一个二维数组中。

```c
#include <stdio.h>
void main()
{
    int a[2][3]={{1,2,3},{4,5,6}};
    int b[3][2],i,j;
    printf("array a:\n");
    for(i=0;i<=1;i++)
    {
        for(j=0;j<=2;j++)
        {
            printf("%5d",a[i][j]);
            b[j][i]=a[i][j];
        }
        printf("\n");
    }
    printf("array b:\n");
    for(i=0;i<=2;i++)
    {
        for(j=0;j<=1;j++)
        printf("%5d",b[i][j]);
        printf("\n");
    }
}
```

【运行结果】

```
array a:
    1    2    3
    4    5    6
array b:
    1    4
    2    5
    3    6
```

【程序说明】程序中定义数组 a[2][3]并初始化，是 2 行 3 列的，行列互换后为 3 行 2 列，因此数组 b 必须定义为 b[3][2]。

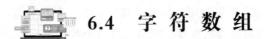

6.4 字 符 数 组

字符数组是数组元素的类型为字符类型的数组，字符数据的应用比较广泛，尤其是字符串形式。在 C 语言中没有字符串类型，字符串是存放在字符数组中进行处理的。

6.4.1 字符数组的定义与引用

字符数组中的一个元素存放一个字符，在内存中占用 1 字节。字符数组的定义和数组元素的引用与数值型数组一样。

一维字符数组的定义形式为：

`char 数组名[数组长度];`

二维字符数组的定义形式为：

`char 数组名[行数][列数];`

例如：

`char c[12];`

定义了一个具有 12 个字符型元素的一维字符数组 c。

`char c[2][10];`

定义了一个 2 行 10 列的二维字符数组 c。

6.4.2 字符数组的初始化

字符数组既可以逐个给数组元素赋初值，也可以直接用字符串对其初始化。

1. 用字符常量逐个初始化数组元素

例如：

`char c[5]={'h','e','l','l','o'};`

将 5 个字符分别赋值给 c[0]~c[4]这 5 个元素。

逐个元素初始化的方法与数值型数组初始化本质上是一样的，初值个数不能大于数组长度，否则会出现语法错误。同样可以进行完全赋初值，也可以不完全赋初值，不完全赋值时没有赋值的元素被自动赋值为空字符（即'\0'）。例如：

`char c[7]={'h','e','l','l','o'};`

数组存储状态如图 6-3 所示。

```
     c[0]    c[1]    c[2]    c[3]    c[4]    c[5]    c[6]
```

h	e	l	l	o	\0	\0

图 6-3 字符数组不完全赋初值的存储状态

当完全赋初值时也可以省去一维数组长度说明，系统会自动根据初值个数确定数组长度。例如：

```
char c[ ]={ 'I', ' ', 'a', 'm', ' ', 'h', 'a', 'p', 'p', 'y' };
```

等价于

```
char c[10]={ 'I', ' ', 'a', 'm', ' ', 'h', 'a', 'p', 'p', 'y' };
```

也可以定义和初始化二维数组。例如：

```
char c[2][10]={ {'h','e','l','l','o'},{'w', 'o', 'r', 'l', 'd' }};
```

数组存储状态如图 6-4 所示。

	0	1	2	3	4	5	6	7	8	9
c[0]	h	e	l	l	o	\0	\0	\0	\0	\0
c[1]	w	o	r	l	d	\0	\0	\0	\0	\0

图 6-4 二维字符数组不完全赋初值的存储状态

2. 字符串常量初始化数组

字符串常量就是用一对双引号括起来的字符序列，字符串末尾必须有一个结束标志'\0'，用于表示字符串的结束。例如，字符串"hello"由 6 个字符组成，分别是字符'h'、'e'、'l'、'l'、'o'、'\0'，其中前 5 个是字符串的有效长度，'\0'是字符串结束符。因此，用字符串赋值比用字符逐个赋值多占 1 字节用于存储字符串结束标志'\0'。

用字符串常量对一维字符数组初始化。例如：

```
char c[]={"hello"};
```

也可以写成

```
char c[]="hello";
```

相当于

```
char c[]={'h','e','l','l','o' ,'\0'};
```

字符数组长度不能小于 6，否则存储空间不足出错。在此系统会指定数组长度为 6，即字符串实际长度加 1，字符数组存储状态如图 6-5 所示。

```
     c[0]    c[1]    c[2]    c[3]    c[4]    c[5]
```

h	e	l	l	o	\0

图 6-5 字符串初始化一维字符数组存储状态

二维字符数组也可以使用字符串初始化。例如：

```
char c[ ][6]={ "hello", "world" };
```

6.4.3 字符数组的输入/输出

字符数组的输入/输出有两种方法：

① 用格式符"%c"逐个将字符输入或输出，一般与循环语句结合使用。

② 用格式符"%s"将整个字符串一次输入或输出。输出时，遇到结束符'\0'就停止输出。

例如：

有如下程序段

```c
char s[]="Hello";
printf("%s",s);
```

则输出结果为

```
Hello
```

使用格式符"%s"不必使用循环语句，是对整个字符数组中的字符串一次输出，因此输出语句中的输出项是字符数组 s，而不是数组的某个元素。输出的字符中不包括结束符'\0'。

【例 6.7】字符数组的输入/输出举例。

```c
#include <stdio.h>
void main()
{
    char str1[13],str2[13];
    int i;
    printf("用 scanf()/printf()输入/输出单个字符(=12):\n");
    for(i=0;i<12;i++)
        scanf("%c",&str1[i]);
    for(i=0;i<12;i++)
        printf("%c",str1[i]);
    printf("用 scanf()/printf()整体输入字符串(<13):\n");
    scanf("%s",str2);
    printf("%s",str2);
    printf("\n");
}
```

【运行结果】

```
用 scanf()/printf()输入/输出单个字符(=12):
hello world
hello world
用 scanf()/printf()整体输入字符串(<13):
hello world
hello
```

【程序说明】

① 使用 printf("%s",str2); 语句输出字符数组中元素的值时，遇到结束符'\0'时输出结束。如果一个字符数组中包含一个以上'\0'，则遇到第一个'\0'时输出就结束。

② 使用 scanf("%s",str2);语句给字符数组赋值时，以空格和回车作为字符串的结束标志。当输入字符串"hello world"时，遇到空格表示字符串结束，因此只将"hello"作为一个字符串存储到了字符数组 str2 中。

③ 使用 scanf("%s",str2);语句接收字符串给字符数组赋值时，输入字符串的长度应该小于字符数组的长度，因为字符串结束输入时系统会自动在字符串后面加一个结束符'\0'。

6.4.4 字符串处理函数

C 语言提供了丰富的字符串处理函数，用于输入/输出的字符串处理函数在使用前应包含头文件"stdio.h"，其他字符串处理函数在使用前则应包含头文件"string.h"。下面介绍几种常用的字符串处理函数。

1. 字符串输出函数——puts 函数

puts 函数可以实现字符串的输出，其一般形式为：

```
puts(字符数组);
```

作用是将一个字符串输出到终端，并将字符串结束标志'\0'转换成'\n'，自动输出一个换行符。例如：

```
char str[20]="I love China";
puts(str);
```

输出结果为：

```
I love China
```

puts 函数输出的字符串中可以包含转义字符。例如：

```
char str[]="I\nlove\nChina";
puts(str);
```

输出结果为：

```
I
love
China
```

2. 字符串输入函数——gets 函数

gets 函数可以实现字符串的输出，其一般形式为：

```
gets(字符数组);
```

作用是从键盘上输入一个字符串（包括空格）到字符数组，直到读入一个回车符为止。例如：

```
char str[20];
gets(str);
```

执行上面的语句，如果输入 "I love china!<回车>"，将读入 14 个字符依次存入数组 str 中，最终的回车符自动转化为字符串结束标志'\0'存入数组。也就是说，如果定义数组的长度为 20，则输入的字符串有效长度不能超过 19 个。

说明：

① puts 和 gets 函数只能输出或输入一个字符串。例如：

```
puts(str1,str2);
gets(str1,str2);
```

都是不合法的。

② gets 函数和 scanf 函数不同，scanf 函数将空格和回车符都作为字符串结束的标志，而 gets 函数可以输入空格，只以回车符作为字符串的结束标志。

③ printf 函数可以按照一定格式输出字符串，因此 puts 函数完全可以由 printf 函数取代。

【例 6.8】gets 和 puts 函数与 scanf 函数和 printf 函数使用实例，请读者观察其区别。

```
#include <stdio.h>
void main()
{
    char str1[12],str2[12];
    printf("用 gets()/puts() 输入/输出字符串(<12):\n");
    gets(str1);
    puts(str1);
    printf("%s",str1);
```

```
        printf("\n");
        printf("用 scanf()/printf()整体输入字符串(<12):\n");
        scanf("%s",str2);
        printf("%s",str2);
        printf("\n");
        puts(str2);
}
```

【运行结果】

```
用 gets()/puts() 输入/输出字符串(<12):
hello world
hello world
hello world
用 scanf()/printf()整体输入字符串(<12):
hello world
hello
hello
```

【程序说明】本程序中，当通过 gets 函数输入"hello world"字符串时，可以正确读入空格，以回车作为字符串结束标志；当通过 scanf 函数输入"hello world"字符串时，输入空格即作为字符串结束标志，因此只将空格之前的"hello"存入了字符数组 str2。输出函数 puts 在输出时自动将字符串结束标志转为回车符；输出函数 printf 在输出时一旦遇到字符串结束标志即结束输出，不进行转换。puts 函数和 printf 函数输出时基本无区别。

3. 字符串连接函数——strcat 函数

strcat 函数可以实现两个字符串的连接，其一般形式为：

```
strcat(字符数组1, 字符数组2);
```

作用是连接两个字符数组中的字符串，把字符串 2 连接到字符串 1 的后面，并且删除字符串 1 后面的结束标志符号'\0'，连接后的结果放在字符数组 1 中，函数值为字符数组组 1 的地址。例如：

有如下程序段

```
char st1[30]="bao ding",st2[]="li gong xue yuan";
strcat(st1,st2);
puts(st1);
```

执行以上语句后，运行结果为：

```
bao ding li gong xue yuan
```

说明：字符数组 1 必须要足够大，以便能够容纳连接后的新字符串。

【例 6.9】字符串连接函数举例。

```
#include <stdio.h>
#include <string.h>
void main()
{
    int i;
    char name1[8]={"student"};
    char name2[25]={"bao ding li gong"};
    printf("The value of name1 and name2:\n");
    printf("name1=%s\nname2=%s\n",name1,name2);
    strcat(name2,name1);
    printf("After change the name1:\n");
```

```
    printf("name1=%s\n",name1);
    printf("The all value of name2:\n");
    for(i=0;i<25;i++)
        printf("%c",name2[i]);
    printf("\n");
}
```

【运行结果】
```
The value of name1 and name2:
name1=student
name2=bao ding li gong
After change the name1:
name1=student
The all value of name2:
bao ding li gong student
```
【程序说明】执行语句 strcat(name2,name1);后，字符数组 name1 的内容不变，同时将 name1 字符串连同'\0'自动连接到字符数组 name2 中以'\0'为起始地址的空间内。

4. 字符串复制函数——strcpy 函数

strcpy 函数可以实现字符串的复制，一般形式为：

strcpy(字符数组 1,字符串 2);

作用是将字符串 2 复制到字符数组 1 中去，连同字符串后面的'\0'一起复制。例如：

```
    char s1[16],s2[]="I am a student.";
    strcpy(s1,s2);
```

执行上面的语句后，字符数组 s1 存放的是从字符串 2 复制的字符串"I am a student."，同时也要存放字符串 2 的结束符号'\0'。

说明：字符数组 1 的长度不应小于字符串 2 的长度。

【例 6.10】字符串复制函数举例，注意与例 6.9 的字符串连接函数比较。

```
#include <stdio.h>
#include <string.h>
void main()
{
    int i;
    char name1[8]={"student"};
    char name2[14]={"baodingligong"};
    printf("The value of name1 and name2:\n");
    printf("name1=%s\nname2=%s\n",name1,name2);
    strcpy(name2,name1);
    printf("After change the name2:\n");
    printf("name2=%s\n",name2);
    printf("The all value of name2:\n");
    for(i=0;i<14;i++)
        printf("%c",name2[i]);
    printf("\n");
}
```

【运行结果】
```
The value of name1 and name2:
name1=student
name2=baodingligong
After change the name2:
```

```
name2=student
The all value of name2:
student igong
```

【程序说明】执行语句 strcpy(name2,name1);后，name1 字符串连同'\0'复制到 name2 字符数组首地址开始的存储空间，printf 函数使用%s 格式符输出第一个'\0'之前的字符；使用%c 格式符逐个输出字符数组 name2 中的所有字符。

5. 字符串比较函数——strcmp 函数

strcmp 函数可以实现两个字符串的大小比较，其一般形式为：

strcmp(字符串 1,字符串 2);

作用是对两个字符串自左至右逐个比较字符的 ASCII 码值，直到出现不同字符或者遇到结束符号'\0'为止。如果在比较的时候出现了不同的字符，则以第一个不同字符的比较结果为准，如果两个数组对应的字符全部相同，则认为相等。比较结果由函数值返回。

如果字符串 1=字符串 2，则函数值为 0；

如果字符串 1>字符串 2，则函数值为一个正整数；

如果字符串 1<字符串 2，则函数值为一个负整数。

【例 6.11】字符串比较函数

```c
#include <stdio.h>
#include <string.h>
void main()
{
    char name1[10],name2[10];
    int k;
    printf("Please input name1:\n");
    gets(name1);
    printf("Please input name2:\n");
    gets(name2);
    k=strcmp(name1,name2);
    printf("k=%d\n",k);
    if(k>0)
        printf("\"%s\" > \"%s\"\n",name1,name2);
    else if(k<0)
        printf(" \"%s\" < \"%s\"\n",name1,name2);
            else
                printf(" \"%s\" = \"%s\"\n",name1,name2);
}
```

【运行结果】

```
Please input name1:
study
Please input name2:
student
k=1
"study" > "student"
```

【程序说明】本程序通过 gets 函数将输入的第一个字符串"study"赋给字符数组 name1，第二个字符串"student"赋给字符数组 name2，然后通过调用函数 strcmp(name1,name2)比较两个字符串，出现第一个不同字符'y'>'e'，函数值返回为正整数 1，返回到主函数将此值赋给 k。

6. 字符串长度函数——strlen 函数

strlen 函数可以实现字符串长度的测试，其一般形式为：

```
strlen(字符串);
```

作用是返回字符串的有效长度（不含字符结束符号'\0'）。例如：

有如下程序段

```
char str[10]="student";
printf("%d",strlen(str));
```

则输出结果为

```
7
```

此程序段也可以修改为

```
printf("%d",strlen("student"));
```

习 题 六

1. 选择题

（1）在 C 语言中，引用数组元素时，其数组下标的数据类型允许是（　　）。

    A. 整型常量　　　　　　　　　　　B. 整型表达式

    C. 整型常量或整型表达式　　　　　D. 任何类型的表达式

（2）若有定义：int a[5];，则对数组 a 元素的正确引用是（　　）。

    A. a[5]　　　　　B. a[3.5]　　　　　C. a(5)　　　　　D. a[10-10]

（3）定义数组 float a[4];，则内存分配存储空间所占的字节数是（　　）。

    A. 1　　　　　B. 2　　　　　C. 4　　　　　D. 16

（4）以下对一维数组 a 中的所有元素进行正确初始化的是（　　）。

    A. int a[10]=(0,0,0,0);　　　　　B. int a[10]={ };

    C. int a[]=(0);　　　　　D. int a[10]={10*2};

（5）下列对数组的操作不正确的是（　　）。

    A. int a[5];　　　　　B. char b[ ]={ 'h', 'e', 'l', 'l', 'o'};

    C. int a[ ]={2,3,4,5};　　　　　D. char b[3][ ]={1,2,3,4,5,6};

（6）若有说明：int a[][2]={1,2,3,4,5};，则数组 a 第一维大小是（　　）。

    A. 2　　　　　B. 3　　　　　C. 4　　　　　D. 无确定值

（7）对于所定义的二维数组 a[3][2]，元素 a[1][1]是数组的第（　　）个元素。

    A. 3　　　　　B. 4　　　　　C. 5　　　　　D. 6

（8）下面程序段的输出结果是（　　）。

```
int k,a[3][3]={1,2,3,4,5,6,7,8,9};
for(k=0;k<3;k++)
    printf("%d",a[k][2-k]);
```

    A. 3 5 7　　　　　B. 3 6 9　　　　　C. 1 5 9　　　　　D. 1 4 7

（9）判断字符串 s1 是否大于字符串 s2，应当使用（　　）。

    A. if(s1>s2)　　　　　B. if(strcmp(s1,s2))

    C. if(strcmp(s1,s2)>0)　　　　　D. 以上都不正确

（10）字符串"I am a student."在存储单元中占（　　　　）字节。

    A. 14　　　　　　　B. 4　　　　　　　　C. 16　　　　　　　　D. 17

2．编程题

（1）编写程序，把数组（包含10个数）中所有的奇数放到另一个数组中并输出。

（2）用冒泡法对10个整数由大到小进行排序。

（3）编写程序，将字符串中的所有字符 c 删除。

（4）从键盘上输入某班 n 个学生的 3 门课程的成绩，计算每个学生的平均成绩以及每门课程的平均成绩，并且以列表形式输出打印成绩单，成绩单中包含每个学生 3 门课的成绩及学生的平均成绩，并在最后一行输出每门课程的平均成绩。

（5）编写程序求一个 M 行 N 列的矩阵和一个 N 行 W 列的矩阵的乘积。

第 7 章

函　数

　　函数是 C 语言程序的基本单位。对于功能较多、规模较大的程序，一般会把它分解为若干个程序模块，每个程序模块包含一个或多个函数，每个函数实现一个特定的功能。C 语言程序的功能就是用每一个函数来具体实现的。本章主要介绍函数的定义、函数的调用以及变量的作用域和生存期等，通过本章的学习使读者掌握函数的编写和函数中变量的使用方法。

 ## 7.1　函数的定义

　　在程序设计中要善于使用函数，可以减少编写重复程序段的工作量，同时可以方便地实现模块化的程序设计。一个 C 源程序可由一个主函数和若干个其他函数构成，主函数调用其他函数，其他函数也可以互相调用，同一个函数可以被一个或多个函数调用任意多次。C 语言不仅提供丰富的库函数，还允许用户建立自己的自定义函数。

7.1.1　函数的分类

　　C 语言的函数分为两类：库函数和用户自定义函数。

1. 库函数

　　库函数又称为系统定义的标准函数，是由编译系统事先定义好的，库文件中包括了对各函数的定义。用户不用自己定义，只需用#include <头文件名>命令将有关的头文件包含到本程序中即可。例如，在程序中若要用到数学函数 sqrt、fabs、sin 等，就必须在本文件模块的开头写上#include <math.h>。

2. 自定义函数

　　库函数只提供最基本、最通用的一些函数，不可能包含实际应用中用到的所有函数，用户需要在程序中自己定义想用而库函数中没有提供的函数。

　　对于用户自定义函数，需要在程序中进行函数的定义，在主调函数模块中还需要对被调函数进行函数说明，之后才能使用自定义的函数。

7.1.2　函数的定义方法

C 语言要求，在程序中用到的所有函数必须"先定义，后使用"。在函数定义时须指定函数名、函数返回值类型、函数实现的功能以及参数的个数与类型。根据函数有参数还是无参数，函数的定义可以分为两种。

1. 定义无参函数

定义无参函数的一般形式为：

类型名　函数名()
{
　　　函数体
}

例如：

```
void printstar()
{
    printf("*******************\n");
}
```

2. 定义有参函数

定义有参函数的一般形式为：

类型名　函数名(形式参数列表)
{
　　　函数体
}

例如：

```
int sum(int a,int b)
{
    int s;
    s=a+b;
    return s;
}
```

说明：

① 类型名和函数名及形式参数列表所在行称为函数首部，也称函数头。函数名是用户自定义的标识符，要符合标识符的命名规则。{}中的内容称为函数体，一般包括声明部分和执行部分。

② 函数定义时的参数称为形式参数，简称形参，可以是各种类型的变量。形参列表中可以有多个形参，多个形参之间用逗号分隔。形式参数列表体现了函数中参数的个数、名称和类型。

【例 7.1】 函数定义的简单例子。

```
#include <stdio.h>
void printstar()
{
    printf("****************");
}
int sum(int a,int b)
{
```

```
    return a+b;
}
void main()
{
    int x=2,y=3,z;
    printstar();
    z=sum(x,y);
    printf("\n%d+%d=%d\n",x,y,z);
    printstar();
}
```

【运行结果】

```
***************
2+3=5
***************
```

【程序说明】本程序由 3 个函数构成，分别是 main、printstar 和 sum 函数。在 main 函数中调用了两次 printstar 函数，调用了一次 sum 函数。

 ## 7.2　函数的调用

在 C 程序中，定义函数的目的是调用此函数，函数调用通过函数调用语句来实现。

7.2.1　函数调用的形式

函数调用的一般形式为：

函数名([实参列表])

说明：

① 函数调用时的参数称为实际参数，简称实参。如果调用无参函数，则"实参列表"省略，但括号不能省略。

② 实参列表中的实参可以是常量、变量或表达式，实参在类型上必须按顺序与形参保持一致，各实参间用逗号分隔。

按函数调用在程序中出现的形式和位置来分，有如下 3 种函数调用方式：

1. 函数语句

把函数调用作为一条独立的语句，函数只完成一定的操作，没有返回值。例如例 7.1 中的语句 printstar();。

2. 函数表达式

函数调用出现在一个表达式中，以函数返回值参与表达式计算，要求函数有返回值。例如例 7.1 中的语句 z=sum(x,y);。

3. 函数参数

函数调用作为另一函数调用时的实参，要求函数有返回值。例如：

printf("%d ",sum(x,y));

其中 sum(x,y);是一次函数调用，它的返回值作为 printf 函数的实参使用。

7.2.2　函数的声明

C 语言中，函数和变量一样，都要先定义后引用。如果在函数调用前没有定义函数，则需要在调用函数前进行函数声明。函数声明可以放在文件的开头，这时文件中所有函数都可以直接调用此函数。

函数声明的一般形式为：

类型说明符 被调函数名(参数类型 1 ［形参 1］,…,参数类型 n ［形参 n］);

或

类型说明符 被调函数名(参数类型 1,…,参数类型 n);

例如：

```
int sum(int a,int b);
int sum(int,int);
```

是例 7.1 中自定义函数 sum 的两种函数声明形式。

【例 7.2】编写一个函数，求任意两个数的较大值。

```
#include <stdio.h>
int max(int a,int b);
void main()
{
    int x,y;
    printf("请输入两个整数: ");
    scanf("%d%d",&x,&y);
    printf("%d 和%d 的最大值为: %d\n",x,y,max(x,y));
}
int max(int a,int b)
{
    if(a>b)
    return a;
    return b;
}
```

【运行结果】

请输入两个整数: 3　6
3 和 6 的最大值为: 6

【程序说明】通过自定义函数 max 实现程序功能，其中两个 return 语句在每次调用时只能被执行一个，返回值只有一个。被调函数 max 的调用在定义之前，因此在文件的开始进行了函数的声明，即函数首部加分号（int max(int a,int b);)。

7.2.3　函数返回值

当函数被调用后，有时需要将函数调用结果返回给主调函数，这就需要使用函数的返回值。函数的返回值是通过 return 语句返回给主调函数的。

return 语句的一般形式为：

return 表达式;

或者

return(表达式);

说明：

① 一个函数中可以有多条 return 语句，但每次调用只能有一个 return 语句被执行，只能返回一个函数值。

② 在定义函数时指定的函数类型一般应该与 return 语句中的表达式值的类型一致。如果函数类型和 return 语句中表达式值的类型不一致，则以函数类型为准。例如：

```
float sum(int a,int b)
{
    return a+b;
}
```

sum 函数类型为 float，return 语句中表达式 a+b 的类型为 int，系统将进行自动类型转换，将函数返回值的类型转换成与函数类型一致的 float 类型。

【例 7.3】编写函数计算 x^3，分析当 return 语句表达式值的类型与函数类型不一致时会怎样。

```
#include <stdio.h>
int cube(float x)
{
    float z;
    z=x*x*x;
    return z;
}
void main()
{
    float a;
    int b;
    printf("请输入一个数:");
    scanf("%f",&a);
    b=cube(a);
    printf("%f 的立方为: %d\n",a,b);
}
```

【运行结果】

```
请输入一个数:2.2
2.200000 的立方为: 10
```

【程序说明】此程序在 visual C++ 6.0 环境下编译出现警告，原因是 cube 函数中 return 语句后表达式 z 的数据类型和 cube 函数类型不一致，但依然能运行。cube 函数类型被定义为 int，而 return 语句中 z 为 float，二者不一致。输入 2.2，则先计算 z 的值为 10.648，然后将 z 值转换为整型，即 10 返回给函数 cube，然后 cube 函数带回一个整型数 10 回到主调函数。

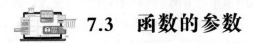

7.3　函数的参数

7.3.1　函数参数的传递

函数的参数主要用于在主调函数和被调函数之间进行数据传递。

形参说明了自定义函数被调用时，需要传递给该函数多少个数据，以及分别是什么类型的数据。实参可以是常量、变量、表达式甚至是一个函数，其类型必须与相对应的形参类型一致。

函数未调用前，形参不会占用任何存储空间。当发生函数调用后系统才会为形参临时分配存储空间，并将实参的值传递给形参，或者说，形参从实参得到一个值。该值在函数调用期间有效，可以参加被调函数中的运算。函数调用结束后，形参所占用的存储空间也会被释放。

在 C 语言中，数据只能从实参单向传递给形参，称为"按值传递"。也就是说当简单变量作为实参时，如果在执行被调用函数时形参的值发生改变，主调函数中对应实参的值不会改变。

【例 7.4】 以下程序通过调用 swap 函数说明函数参数之间数据的单向传递。请观察程序的输出结果。

```c
#include <stdio.h>
void swap(int,int);
void main()
{
    int x=10,y=20;
    printf("(1)  x=%d  y=%d\n",x,y);
    swap(x,y);
    printf("(4)  x=%d  y=%d\n",x,y);
}
void swap(int a,int b)
{
    int t;
    printf("(2)  a=%d  b=%d\n",a,b);
    t=a;
    a=b;
    b=t;
    printf("(3)  a=%d  b=%d\n",a,b);
}
```

【运行结果】

```
(1)  x=10  y=20
(2)  a=10  b=20
(3)  a=20  b=10
(4)  x=10  y=20
```

【程序说明】

① 在本例题主函数中的语句 swap(x,y);中，x、y 是实参；而用户自定义函数 swap(int a, int b)中，a、b 是形参。在值传递的过程中，x、y 的值分别传递给对应形参 a、b；而 a、b 的值不能传递给 x、y, 这种传递是单向值传递。在参数传递时，参数的类型和参数的个数要一一对应。

② 自定义函数 swap 中指定的形参 a 和 b 在未进行函数调用时并不占内存中的存储单元。在发生函数调用时，函数 swap 的形参才被临时分配内存单元。调用结束，形参存储单元被释放。实参存储单元仍保留并维持原值，没有改变。

7.3.2 数组元素作函数实参

数组元素与普通变量并无区别，因此它作为函数实际参数使用与普通变量是完全相同的，对应的形参必须是类型相同的变量。在发生函数调用时，把作为实参的数组元素的值传递给形式参数，实现单向的值传递。

【例 7.5】通过函数输出一个整数数组中各元素的绝对值。

```
#include <stdio.h>
void fun(int n)
{
    if(n>=0)
        printf("%3d",n);
    else
        printf("%3d",-n);
}
void main()
{
    int a[5],i;
    printf("input 5 numbers:\n");
    for(i=0;i<5;i++)
    {
        scanf("%d",&a[i]);
        fun(a[i]);
    }
}
```

【运行结果】

```
input 5 numbers:
10 -3  7  5  -8
10  3  7  5  8
```

【程序说明】本程序中首先定义一个无返回值函数 fun，说明其形参 n 为整型变量。在函数体中根据 n 的值输出相应的结果。在 main 函数中用 for 语句输入数组各元素，每输入一个就以该元素为实参调用一次 fun 函数，即把 a[i]的值传递给形参 n，然后执行 fun 函数。

7.3.3　数组名作函数参数

数组除了可以用数组元素作为函数实参外，还可以用数组名作函数实参。

用数组名作函数实参与用数组元素作函数实参有几点不同：

① 用数组元素作函数实参时，等同于普通变量作函数实参，要求函数的形参是与数组类型相同的普通变量。

② 用数组名作函数实参时，则要求形参和相对应的实参都必须是类型相同的数组，都必须有明确的数组说明。当形参和实参不一致时，会发生错误。

③ 在普通变量或数组元素作为函数实参时，形参变量和实参变量是由编译系统分配的两个不同的内存单元。在函数调用时进行单向值传递，把实参变量的值传给形参变量。

④ 由于数组名就是数组的首地址，因此在数组名作函数实参时所进行的传送只是地址的传送，也就是说把实参数组的首地址赋予形参数组名。形参数组名取得该首地址之后，也就等于形参数组和实参数组共同占用一段内存单元，为同一数组。当形参数组发生变化时，实参数组也随之发生变化。

【例 7.6】题目同例 7.5，通过函数求解一个整数数组中各元素的绝对值，要求改用数组名作函数参数。

```c
#include <stdio.h>
void fun(int a[5])
{
    int i;
    printf("\nvalues of array a are:\n");
    for(i=0;i<5;i++)
    {
        if(a[i]<0) a[i]=-a[i];
        printf("%3d",a[i]);
    }
}
void main()
{
    int b[5],i;
    printf("input 5 numbers:\n");
    for(i=0;i<5;i++)
        scanf("%d",&b[i]);
    printf("initial values of array b are:\n");
    for(i=0;i<5;i++)
        printf("%3d",b[i]);
    fun(b);
    printf("\nlast values of array b are:\n");
    for(i=0;i<5;i++)
        printf("%3d",b[i]);
}
```

【运行结果】
```
input 5 numbers:
10 -3 7 5 -8
initial values of array b are:
 10 -3  7  5 -8
values of array a are:
 10  3  7  5  8
last values of array b are:
 10  3  7  5  8
```

【程序说明】本程序中函数 fun 的形参为整型数组 a，main 函数中对应的实参数组 b 也是整型。程序从 main 函数开始运行，首先输入数组 b 中各元素的初始值然后直接输出，之后以数组 b 作为实参调用 fun 函数，将数组 b 的首地址&b[0]传递给对应的形参数组 a，两数组共用一段内存单元，如图 7-1 所示。在执行被调用函数 fun 的过程中，首先将数组中的负数转为正数，然后输出数组 a 中元素的值。返回主函数后，再次输出数组 b 中各元素的值。

a[0]	a[1]	a[2]	a[3]	a[4]
10	3	7	5	8
b[0]	b[1]	b[2]	b[3]	b[4]

图 7-1　形参数组 a 和实参数组 b 共用内存单元

从结果可看出，数组 b 的初值和终值不同，数组 b 的终值和数组 a 相同。这说明实参和形参是同一数组，它们的值同时改变。

7.4　函数的嵌套调用

在 C 语言中，函数的定义是互相平行、独立的，即函数不能嵌套定义。但 C 语言允许嵌套调用函数，即调用一个函数的过程中，又可以调用另一个函数。

下面通过一个函数的嵌套调用实例分析执行过程。

【例 7.7】输入 4 个整数，找出其中最大的数。要求用函数嵌套调用进行处理。

【程序分析】定义两个函数，一个用来找 4 个数中最大者的函数 max_4；一个用来找两个数中较大者的函数 max。在 main 函数中先调用 max_4 函数，max_4 中再调用 max，多次调用 max 可找到 4 个数中的最大者，然后把它作为函数值返回给 main 函数，在 main 函数中输出结果。

```c
#include <stdio.h>
void main()
{
    int max_4(int a,int b,int c,int d);
    int a,b,c,d,max;
    printf("please enter 4 interger numbers:");
    scanf ("%d%d%d%d",&a,&b,&c,&d);
    max=max_4(a,b,c,d);
    printf("max=%d\n",max);
}
int max_4(int a,int b,int c,int d)
{
    int max(int,int);
    int m;
    m=max(a,b);
    m=max(m,c);
    m=max(m,d);
    return(m);
}
int max(int x,int y)
{
    return(x>y?x:y);
}
```

【运行结果】

```
please enter 4 interger numbers:6 12 8 56
max=56
```

【程序说明】程序的执行顺序如图 7-2 所示。

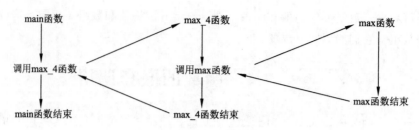

图 7-2　嵌套函数执行顺序

从图 7-2 可以明显看出其执行过程是：执行 main 函数中调用 max_4 函数的语句时，即转去执行 max_4 函数；在 max_4 函数中调用 max 函数时，又转去执行 max 函数；max 函数执行完毕返回 max_4 函数的断点处继续执行，max_4 函数执行完毕返回 main 函数的断点处继续执行。

7.5　函数的递归调用

在调用一个函数的过程中又直接或间接地调用该函数本身，称为函数的递归调用。

在递归调用中，主调函数又是被调函数。函数的递归调用有两种形式：直接递归调用和间接递归调用。

1. 直接递归调用

即一个函数可直接调用该函数本身。例如：

```
int f(int x)
{
    int y,z;
    …
    z=f(y);
    …
    return(2*z);
}
```

在调用函数 f 的过程中又调用了函数 f，即直接调用自身。

2. 间接递归调用

即一个函数可间接地调用该函数本身。例如：

```
int f1(int x)              int f2(int t)
{                         {
    int y,z;                  int a,c;
    …                         …
    z=f2(y);                  c=f1(a);
    …                         …
    return(2*z);              return(3+c);
}                         }
```

在调用函数 f1 的过程中要调用函数 f2，而在调用 f2 的过程中又要调用函数 f1，即间接调用自身。

下面只介绍直接递归的执行过程。

【例 7.8】用递归方法求 $n!$。

【程序分析】当 n 为 5 时, 可知 $5!=4! \times 5$, 而 $4!=3! \times 4$, …, $1!=1$, 从而归纳出 $n!$ 的递归公式为: $n!=\begin{cases} 1 & (n=0,1) \\ n*(n-1)! & (n>1) \end{cases}$, 将 n 阶问题转化成 $n-1$ 阶问题, 即 $f(n)=n*f(n-1)$, 这就是递归表达式。由此表达式可以看出: 当 $n>1$ 时, 求 $n!$ 可以转化为求解 $n \times (n-1)!$ 的新问题, 而求解 $(n-1)!$ 与原来求解 $n!$ 的方法完全相同, 只是值递减 1, 由 n 变成了 $(n-1)$。依此类推, 求 $(n-1)!$ 的问题又可转化为 $(n-1)(n-2)!$ 的问题, 直至所处理对象的值减至 0(即 $n=0$)时, 阶乘的值为 1, 递归结束不再进行下去, 至此, 求 $n!$ 的这个递归算法结束。可定义递归函数 fac(int n)实现。

```c
#include <stdio.h>
void main()
{
    int fac(int n);
    int n;
    int y;
    printf("input an integer number:");
    scanf("%d",&n);
    y=fac(n);
    printf("%lld!=%d\n",n,y);
}
int fac(int n)
{
    int f;
    if(n<0)
        printf("n<0,data error!");
    else if(n==0||n==1)
        f=1;
        else
            f=fac(n-1)*n;
    return(f);
}
```

【运行结果】

```
input an integer number:5
5!=120
```

【程序说明】本例中, main 函数只调用了一次 fac 函数, 整个问题全靠 fac(n)函数递归调用来解决, 假如 n 的值为 5, 整个函数调用过程如图 7-3 所示。

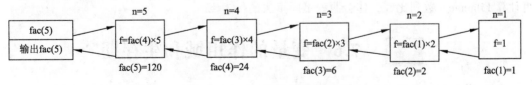

图 7-3 例 7.8 函数的调用过程

从图 7-3 中可看出, fac 函数共被调用了 5 次, 即 fac(5)、fac(4)、fac(3)、fac(2)、fac(1)。其中, fac(5)是 main 函数调用的, 其余 4 次是在 fac 函数中进行的递归调用。请注意每次调用 fac 函数后其返回值的返回位置, 应返回到 fac 函数的调用处。比如 n=2 时, 函数体为 f=fac(1)*2,

再调用 fac(1)，返回值 1。这个 1 取代了 f=fac(1)*2 中的 fac(1)，从而 f=1*2=2，其余类似，递归终止条件为 n=0 或 n=1。

【例 7.9】用递归法求 Fibonacci 数列。

```c
#include <stdio.h>
long fib(int n)
{
    if(n==1||n==2)
        return 1;
    else
        return(fib(n-1)+fib(n-2));
}
void main()
{
    int n,i;
    long y;
    printf("Input n:");
    scanf("%d",&n);
    for(i=1;i<=n;i++)
    {
        y=fib(i);
        printf("%d  ",y);
    }
    printf("\n");
}
```

【运行结果】
```
Input n:10
1  1  2  3  5  8  13  21  34  55
```

【程序说明】Fibonacci 数列为：1，1，2，3，5，8，13，21…
则 Fibonacci 数列递归公式为：

$$fib(1)=1 \qquad (i=1)$$
$$fib(2)=1 \qquad (i=2)$$
$$fib(i)=fib(i-1)+fib(i-2) \qquad (i=3,4,5,...)$$

其中，n 为项数，fib(n) 表示第 n 项的值。$n>2$ 时每一项的计算方法相同，因此可以定义函数进行递归调用。Fibonacci 数列中前两项均为 1，为递归终止的条件。请与例 6.4 通过数组计算 Fibonacci 数列比较，体会两种不同算法的优劣。

7.6　变量的作用域和生存期

在 C 语言中，所有的变量都是先定义后使用。在本章中的一些程序中包含了两个或者多个函数，分别在各函数中定义变量，那么在一个函数中定义的变量能否在其他函数中使用？已经被赋值的变量能否在程序的整个运行期间一直保存其值？这就涉及变量的作用域和生存期的问题。变量的作用域是指每一个变量在什么范围内是有效的，是从空间的角度分析的；变量的生存期是指变量在整个程序运行期间的什么时间段内是存在的，是从时间的角度分析的。二者有联系但不是同一回事，对于变量属性的分析可以从作用域和生存期两个方面来进行。

7.6.1　变量的作用域

C 语言中的变量按作用域范围可分为两种，即局部变量和全局变量。

1. 局部变量

在一个函数内部或者复合语句内部定义的变量称为局部变量，也称为内部变量。其作用域只限于本函数或本复合语句范围内，即它只有在定义的本函数内或者定义的复合语句内才能使用，离开该函数和复合语句后是不能使用的。另外，用户自定义函数中的形式参数也是局部变量。

局部变量一般定义在函数或复合语句的开始处，在 C 语言中不能定义在中间位置。例如：

```
void f1(int a)
{
    int b,c;      变量 a、b、c 的作用域
    …
}
void main()
{
    int m,n;
    {
        float f;  变量 f 的作用域      变量 m、n 的作用域
        …
    }
    …
    f1(m);
    …
}
```

说明：

① 主函数中定义的局部变量（如上例中的 m、n）也只能在主函数中使用。同时，主函数中也不能使用在其他函数中定义的局部变量。

② 形参变量是属于被调函数的局部变量。例如，上例中自定义函数 f1 的形参 a 只在函数 f1 内有效。

③ 使用局部变量可避免各函数之间的变量互相干扰，增强了函数模块的独立性。

④ 允许在不同的函数中使用相同的变量名，它们代表不同的对象，分配不同的内存单元，互不干扰，也不会发生混淆。

【例 7.10】局部变量示例。

```
#include <stdio.h>
void main()
{
    int i,j,k;
    i=5;
    j=3;
    k=i+j;
```

```
    {
        int k=14;
        if(i==5)
            printf("k=%d\n",k);
    }
    printf("i=%d,k=%d\n",i,k);
}
```

【运行结果】

```
k=14
i=5,k=8
```

【程序说明】 本程序中在 main 函数中定义了 3 个局部变量 i、j、k，为 i 赋值 5，j 赋值 3，k 赋值 8，在复合语句内又定义了一个同名局部变量 k，并初始化为 14。在复合语句内，i 有效，执行 if 语句输出 k 的值为 14，可见复合语句内的变量 k 起作用。在复合语句之外，输出 i 的值为 5，k 的值为 8。可见 i 在 main 函数内一直有效，退出复合语句后，复合语句内的值为 14 的变量 k 不起作用，main 函数内定义的值为 8 的变量 k 起作用。

2．全局变量

定义在函数外部而不属于任何函数的变量称为全局变量，又称为外部变量。全局变量的作用域是从定义变量的位置开始一直到程序所在文件结束，它对作用范围内所有的函数都有效。

全局变量一般定义在程序的头部，即第一个函数的前面，也可以定义在两个函数的中间或程序尾部，只要在函数外部即可。例如：

```
int p,q;
void f1(int a)
{
    int b,c;
    ...
}
char c1,c2;
void main()
{
    int m,n;
    {
        float f;
        ...                全局变量 c1、c2 的作用域        全局变量 p、q 的作用域
    }
    ...
    f1(m);
    ...
}
```

说明：

① 为了便于区别全局变量和局部变量，C 语言有个不成文的约定，将全局变量名的第一个字母用大写表示。

② 全局变量可加强函数模块之间的数据联系，降低函数的独立性和程序的清晰性。各

个函数在执行时都可能改变全局变量的值，因此在不必要时尽量不要使用全局变量。

③ 在同一源文件中，允许全局变量和局部变量同名。在局部变量的作用域内，全局变量不起作用，局部变量有效。

【例 7.11】全局变量与局部变量同名的示例。

```c
#include <stdio.h>
int x=3,y=4;
int fun(int x,int y)
{
    int v;
    v=x*y;
    return v;
}
void main()
{
    int x=5;
    printf("v=%d\n",fun(x,y));
}
```

【运行结果】

```
v=20
```

【程序说明】本程序中定义了两个全局变量 x 和 y，在 main 函数中定义了同名局部变量 x。在 main 函数中，函数调用的实参 x 是局部变量 x 的值 5，实参 y 是全局变量 y 的值 4，因此实参传递给形参 x、y 的值分别为 5 和 4，在函数 fun 中求 5 和 4 的乘积。

7.6.2 变量的生存期

变量是保存变化数据的工作单元，一旦在程序中定义变量，计算机在执行过程中就会根据变量类型分配相应的内存单元供变量保存数据。变量从定义开始分配存储单元，到运行结束存储单元被回收，整个过程称为变量的生存期，也就是变量值的存在时间。

局部变量和全局变量的生存期不同，为了便于计算机存储管理，C 语言把保存变量的数据区分成动态存储区和静态存储区，即变量的存储方式分为动态存储方式和静态存储方式，把程序代码存储在程序区，如图 7-4 所示。

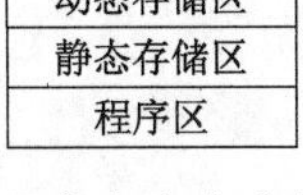

图 7-4　C 程序在内存中的存储方式

在 C 语言中，每一个变量和函数都有两个属性：数据类型和数据的存储类别。存储类别即指数据在内存中的存储方式，共有 4 个与之相关的说明符，即自动的（auto）、寄存器的（register）、静态的（static）、外部的（extern）。在定义和说明变量或函数时，一般应同时指定其数据类型和存储类别，一般形式如下：

存储类别说明符 数据类型说明符　变量表;

例如：

```
static float i;
```

```
auto char c;
extern int a[3]={1,2,3};
```
分别定义变量 i 为静态浮点型变量，c 为自动字符变量，a 为静态整型数组。

自动变量和寄存器变量属于动态存储方式，比如函数的形参变量，在函数调用开始时才会为形参变量分配临时存储空间，函数结束时回收存储空间。

静态变量和全局变量属于静态存储方式，比如全局变量，在程序开始执行时就会给全局变量分配存储空间，程序执行结束才会回收。全局变量在程序执行过程中始终占据固定的存储单元。

根据变量的存储类别，可以知道变量的作用域和生存期。

1. 自动变量

自动变量的类型说明符是 auto。例如：
```
auto int x;
```
定义 x 为自动变量。

局部变量如果未声明存储类别，均视为自动变量，也就是说自动变量可省去说明符 auto。例如：
```
int x;
```
等价于
```
auto int x;
```

自动变量在其定义所在的函数（或复合语句）开始执行时才分得内存空间，开始它的生存期；在该函数（或复合语句）执行期间占用内存空间，生存期持续；在函数（或复合语句）执行结束时自动变量占用的空间被系统收回，生存期结束。因此函数执行结束之后，自动变量的值不能被保留。

由此可见，自动变量的作用域和生存期都局限于定义它的个体内（函数或复合语句内）。

【例 7.12】自动变量示例。
```
#include <stdio.h>
void f();
void main()
{
    int i;
    for(i=1;i<=5;i++)
        f();
}
void f()
{
    auto int j=0;
    ++j;
    printf("j=%d\n",j);
}
```

【运行结果】
```
j=1
j=1
j=1
j=1
j=1
```

【**程序说明**】本程序从 main 函数开始执行，定义自动变量 i，然后执行 for 循环。i=1 时，执行循环体，调用函数 f，开始执行子函数 f，在 f 函数中首先定义了一个自动变量 j，此时系统为 j 分配存储空间并赋初值 0，然后对变量 j 加 1，输出 j 的值为 1，f 函数执行结束，系统收回自动变量 j 的存储空间，j 的值没有保留。程序返回 main 函数中继续执行 i++，然后第二次调用函数 f，系统再次为自动变量 j 分配存储空间并赋初值 0，然后加 1 输出 j 的值为 1，f 函数执行结束，系统收回 j 的存储空间，j 的值没有保留，程序返回 main 函数继续执行 i++……

2. 寄存器变量

寄存器变量的类型说明符是 register。例如：

```
register int y;
```

定义寄存器变量 y。

register 变量和 auto 变量不同之处在于 register 变量被存放在寄存器中，使用时不需要访问内存，可直接从寄存器中读写，因此比 auto 变量存取速度快得多。通常将频繁使用的变量放在寄存器中，以提高程序的执行速度，比如循环次数较多的循环控制变量及循环体内反复使用的变量均可定义为寄存器变量。

3. 静态变量

静态变量的类型说明符是 static。例如：

```
static int a,b;
```

定义了两个静态变量 a 和 b。

静态变量存放在内存的静态存储区。根据变量在程序中的定义位置可以分为静态局部变量和静态全局变量。

（1）静态局部变量（static 局部变量）

在局部变量的定义前加上 static 说明符就构成静态局部变量。例如：

```
void f()
{
    static int j;
    …
}
```

在函数 f 内定义了静态局部变量 j。

静态局部变量在整个程序运行期间占用固定的内存单元，也就是说它的生存期是其定义所在的整个源程序文件。但是其作用域与自动变量相同，即只能在定义该变量的函数内使用。退出该函数后，尽管该变量还保留原值继续存在，但不能使用。

说明：对于基本类型的静态局部变量，若在定义时未赋初值，则系统自动赋予 0 值。对于自动变量，在定义时未赋初值，则其值是不定的。

【**例 7.13**】修改例 7.12，请注意静态局部变量和自动变量的区别。

```
#include <stdio.h>
void f();
void main()
{
    int i;
    for(i=1;i<=5;i++)
        f();
```

```
}
void f()
{
    static int j;
    ++j;
    printf("j=%d\n",j);
}
```

【运行结果】

```
j=1
j=2
j=3
j=4
j=5
```

【程序说明】与例 7.12 比较可以得出，本例中定义在函数 f 中的静态局部变量 j 没有赋初值，系统自动赋予 0 值。在程序执行期间，当 main 函数第一次调用函数 f，输出变量 j 的值为 1，函数 f 调用结束，程序返回 main 函数继续执行 i++，但静态局部变量 j 的存储空间并未随函数调用结束而被收回，j 的值 1 仍然保留。当第二次调用函数 f 时，该变量 j 保留了第一次函数调用结束时的值 1，然后执行加 1 操作变为 2。

【例 7.14】输出 1～5 的阶乘值。

```
#include <stdio.h>
int fac(int n)
{
    static int f=1;
    f=f*n;
    return(f);
}
void main()
{
    int i;
    for(i=1;i<=5;i++)
        printf("%d!=%d\n",i,fac(i));
}
```

【运行结果】

```
1!=1
2!=2
3!=6
4!=24
5!=120
```

【程序说明】本程序中，main 函数调用函数 fac，i 从 1 开始每次调用 fac(i)，输出一个 i!，同时保留这个 i!值，在下次调用时再乘以 i+1 变为(i+1)!。

（2）静态全局变量（static 全局变量）

在全局变量的定义前加上 static 说明符就构成静态全局变量。例如：

```
static int x;
void main()
{
    int a;
```

```
    ...
}
```

定义了静态全局变量 x。

静态全局变量是静态存储方式。静态全局变量的生存期和作用域都是定义该变量的源程序文件内，在同一源程序的其他源文件中不能使用它。可以说，它将全局变量的作用域限制在了本文件之内。

综上，static 对局部变量和全局变量的作用不同：静态局部变量使变量由动态存储方式变为静态存储方式；静态全局变量使变量局限化（局限于本文件），但仍为静态存储方式。

从作用域角度看，凡有 static 声明的，其作用域都是局限的，或局限于本函数内（静态局部变量），或局限于本文件内（静态全局变量）。

4. 外部变量

外部变量是在函数外部定义的全局变量，它存储在静态存储区，它的生存期是整个源程序的运行期间，它的作用域是从变量的定义位置开始直到本源文件的结束。若需要扩展外部变量的作用域，则可以使用 extern 关键字对该变量进行声明，对外部变量的声明可以在函数的内部，也可以在函数的外部。

使用 extern 关键字对变量进行声明的一般形式为：

extern 类型说明符 变量表;

例如：

extern int A,B;

表示对外部变量 A 和 B 进行声明。

说明：

① 全局变量的声明和全局变量的定义不同，变量的定义只能出现一次（分配存储空间），全局变量定义时不能使用 extern 说明符；而对全局变量的声明可以多次出现在需要的地方，必须加 extern 说明符。例如：

```
void main()
{
    extern int A,B,C;
    ...
}
int A,B,C;
void max()
{
    int m;
    ...
}
```

从上例中可以看到，语句 int A,B,C;是对全局变量 A、B、C 的定义，定义位置在 main 函数之后，而通过语句 extern int A,B,C;对全局变量进行声明，将其作用域扩展到了 main 函数内。

② 若需要在一个源程序的多个源文件中使用全局变量，则可以在一个源文件中定义全局变量，在其他源文件中通过 extern 关键字对全局变量进行声明，可将全局变量的作用域扩展到其他文件。

7.7 内部函数和外部函数

C 语言根据函数能否被其他源文件中的函数调用，将函数区分为内部函数和外部函数。

7.7.1 内部函数

如果一个函数只能被本文件中其他函数所调用，则称它为内部函数。

在定义内部函数时，需要在函数名和函数类型的前面加 static 关键字，因此内部函数又称静态函数。

内部函数定义的一般形式为：

```
static 类型名 函数名([形参表])
{
    函数体
}
```

其中形参表为可选项。例如：

```
static int f(int a)
{
    ...
}
```

表示定义了内部函数 f，只能在本文件中被调用。

7.7.2 外部函数

如果在一个源文件中定义的函数能被其他文件中的函数所调用，则称它为外部函数。

在定义外部函数时，可以在函数名和函数类型的前面加 extern 关键字，也可以省略。如果在定义函数时省略 extern，则默认为外部函数。

外部函数定义的一般形式为：

```
[extern] 类型名 函数名([形参表])
{
    函数体
}
```

例如：

函数首部可以为

```
extern int fun(int a,int b)
```

表示定义了外部函数 fun，可在其他文件中被调用。

【例 7.15】外部函数示例。

7.15.c（文件 1）

```
#include <stdio.h>
extern int mod(int a,int b);
extern int add(int m,int n);
void main()
{
    int x,y,result1,result2,result;
    printf("Please enter x and y:\n");
```

```
    scanf ("%d%d",&x,&y);
    result1=add(x,y);
    printf("x+y=%d\n",result1);
    if(result1>0)
        result2=mod(x,y);
    result=result1-result2;
    printf("mod(x,y)=%d\n",result2);
    printf("(x+y)-mod(x,y)=%d\n",result);
}
```

file1.c（文件 2）

```
extern int add(int m,int n)
{
    return (m+n);
}
```

file2.c（文件 3）

```
extern int mod(int a,int b)
{
    return(a%b);
}
```

【运行结果】

```
Please enter x and y:
7 5
x+y=12
mod(x,y)=2
(x+y)-mod(x,y)=10
```

【程序说明】本程序由 3 个源文件组成，main 函数只能出现在一个源文件中，在 file1.c、file2.c 中的函数定义可以不需要 extern 加以说明，默认为外部函数。在 7.15.c 中对外部函数的声明也可以不用 extern 加以说明，默认为外部函数。

习 题 七

1. 选择题

（1）以下 C 语言函数声明中正确的是（   ）。

    A. double fun(int x , int y) ;   B. double fun(int x ; int y)

    C. double fun(int x , int y)   D. double fun(int x,y)

（2）C 语言规定，函数返回值的类型是由（   ）决定的。

    A. return 语句中的表达式类型   B. 调用该函数时的主调函数类型

    C. 调用该函数时由系统临时   D. 在定义函数时所指定的函数类型

（3）以下不正确的说法是（   ）。

    A. 函数未被调用时，系统将不会为形参分配内存单元

    B. 实参与形参的个数应相等，且实参与形参的类型必须对应一致

    C. 当形参为变量时，实参可以是常量、变量或表达式

    D. 形参至少要有一个，不可以为空

（4）C 语言规定，数组元素作实参时，它和对应的形参之间的数据传递方式是（　　）。

  A. 地址传递   B. 值传递

  C. 由实参传给形参，再由形参传给实参   D. 由用户指定传递方式

（5）函数调用语句 func((exp1, exp2), (exp3, exp4, exp5)); 中，实参的个数为（　　）。

  A. 1   B. 2   C. 4   D. 5

（6）以下正确的描述是（　　）。

  A. 函数的定义可以嵌套，但函数的调用不可以嵌套

  B. 函数的定义不可以嵌套，但函数的调用可以嵌套

  C. 函数的定义和函数的调用均不可以嵌套

  D. 函数的定义和函数的调用均可以嵌套

（7）以下程序的输出结果是（　　）。

```
void fun(int a,int b,int c)
{
    a=456;
    b=567;
    c=678;
}
void main()
{
    int x=10,y=20,z=30;
    fun(x,y,z);
    printf("%d,%d.%d",x,y,z);
}
```

  A. 10,2,30   B. 456,567,678

  C. 10,20.30   D. 456,567.678

（8）在函数调用过程中，如果函数 funA 调用了函数 funB，函数 funB 又调用了函数 funA，则称为（　　）。

  A. 函数的直接递归调用   B. 函数的间接递归调用

  C. 函数的循环调用   D. C 语言中不允许这样的递归调用

（9）以下程序的输出结果为（　　）。

```
#include "stdio.h"
int func(int a,int b)
{
    int c;
    c=a+b;
    return c;
}
void main()
{
    int x=6,y=7,z=8,r;
    r=func((x--,y++,x+y),z--);
    printf("%d\n",r);
}
```

  A. 21   B. 20   C. 22   D. 错误

（10）以下叙述中正确的是（　　）。

　　A. 全局变量的作用域一定比局部变量的作用域大

　　B. 静态 static 类型变量的生存期贯穿于整个程序的运行期间

　　C. 函数的形参都属于全局变量

　　D. 未在定义语句中赋初值的变量，其初值都是随机值

2. 编程题

（1）编写函数，求两个整数的最大公约数和最小公倍数。

（2）编写函数，求两个整数中的较大值。

（3）编写函数，判断输入的整数是否为素数。若是素数，函数返回整数 1，否则返回 0。素数是只能被 1 和其自身整除的数。

（4）编写函数，把输入字符串中的小写字母转换成大写字母作为函数值返回，其他字符不变。要求在主函数中不断输入字符，用字符@结束输入，同时不断输出结果。

（5）编写函数，统计输入文本中单词的个数，单词之间用空格符、换行符、制表符隔开，用@作为输入结束标志。

第 8 章

预处理命令

预处理命令是 C 语言区别于其他高级程序语言的特征之一。预处理命令不是 C 语言本身的组成部分，编译器不能识别它们，并且不能直接对它们进行编译。在使用时需要以#开头，用以和 C 语句区别。本章主要介绍预处理命令的相关知识，使读者能够掌握预处理命令的使用方法。

8.1 概　　述

预处理是指源文件在进行编译之前所做的工作，由预处理程序完成。当对一个源文件进行编译时，系统将自动引用预处理程序对源程序中的预处理部分作处理，处理完毕自动进入对源程序的编译。

前面已经多次出现#include 和#define，这些都是预处理命令。在源程序中，这些以#开头的命令都放在函数之外，一般放在源文件的前面。

预处理命令是一种特殊的命令，为了区别一般的语句，必须以#开头，结尾不加分号。

预处理命令可以放在程序中的任何位置，其有效范围是从定义开始到文件结束。

C 语言中的预处理命令有宏定义、文件包含和条件编译 3 类。

8.2 宏　定　义

C 语言源程序允许用一个标识符来表示一个字符串，称为宏。使用#define 作为宏定义命令，标识符为所定义的宏名。在编译预处理时，对程序中所有出现的宏名，都用宏定义中的字符串去替换，这称为宏替换或宏展开。字符串可以是常数、表达式、格式串等。

根据标识符的形式，宏分为不带参数的宏和带参数的宏两种。

8.2.1　不带参数的宏

用指定的标识符代表一个字符串，定义的一般形式为：

```
#define 标识符 字符串
```

其中，标识符称为宏名，字符串称为宏替换体。例如：

```
#define PI 3.14
```

这个宏定义的作用是使用标识符 PI 来代表程序中的 3.14，其中 PI 是宏名，是用户定义的标识符。在编译时，此命令行之后，预处理程序自动将程序中所有出现的 PI 原样替换为 3.14，这个过程就是宏替换。

说明：

① 宏名通常用大写字母表示，其他的标识符用小写字母，便于区分。

② 已经定义的宏名可以被后定义的宏名引用，在预处理时将层层进行替换。

例如：

```
#define  PI   3.14
#define  ADDPI  (PI+1)
```

程序中如果有表达式 x=ADDPI/2，则替换后，表达式将变为 x=(PI+1)/2。假如第二行的宏替换体直接写为 PI+1，没加小括号，根据"原样替换"原则，表达式直接被替换为 x=PI+1/2。由此可见，宏定义时一定要考虑替换后的实际情况，否则容易出错。

③ 当宏定义在一行中写不下需要在下一行继续时，只需在最后一个字符后紧接一个反斜线"\"。注意在第二行开始不要有空格，否则空格会一起被替换。

④ 宏定义的作用域是从定义处开始到源文件结束，但根据需要可用 undef 命令终止其作用域。形式为：

```
#undef 宏名
```

例如：

```
#define PI 3.14
void main()
{
    …
    #undef PI
    …
}
```

则 PI 的作用域从命令行#define PI 3.14 开始，到#undef PI 命令行结束。从#undef PI 之后，PI 变成未定义的标识符，不再代表 3.14。

⑤ 宏替换体不能替换双引号中与宏名相同的字符串。例如：

```
#define YES  "I love china! "
void main()
{
    …
    printf("YES");
    …
}
```

YES 是已定义的宏名，但不能替换 printf("YES");中的 YES。

⑥ 在 C 语言中，宏定义的位置一般在程序开头。

【例 8.1】不带参数的宏示例。

```
#include <stdio.h>
#define PI 3.1415
```

```
void main()
{
    int ra;
    double circule;
    double area;
    printf("请输入圆半径: ");
    scanf("%d",&ra);
    circule=2*PI*ra;
    area=PI*ra*ra;
    printf("PI,圆的周长是: %f\n",circule);
    printf("圆的面积是: %f\n",area);
}
```

【运行结果】

请输入圆半径: 5
PI,圆的周长是: 31.415000
圆的面积是: 78.537500

【程序说明】本程序中，宏定义后，将程序中所有的 PI 都替换成 3.1415；printf 函数内的 PI 未替换，因为它在双引号内。

8.2.2 带参数的宏

宏定义过程中，宏名后面可以带参数，定义的一般形式为：

```
#define  宏名(形参表)  字符串
```

其中，形参表可以由一个或多个参数组成，字符串中包含这些参数。例如：

```
#define  MA(x)  x*(x-1)
```

在这个宏定义命令行中，MA 为宏名，x 是形参，x*(x-1)为替换字符串。

在编译预处理时，把源程序中所有带参数的宏名用宏定义中的字符串替换，并且用宏名后圆括号中的实参替换字符串中的形参。

【例 8.2】使用带参数的宏求圆周长和圆面积。

```
#include <stdio.h>
#define PI 3.1415
#define C(r) 2*PI*r
#define S(r) PI*r*r
void main()
{
    int ra;
    printf("请输入圆半径: ");
    scanf("%d",&ra);
    printf("圆的周长是: %f\n",C(ra));
    printf("圆的面积是: %f\n",S(ra));
}
```

【运行结果】

请输入圆半径: 5
圆的周长是: 31.415000
圆的面积是: 78.537500

【程序说明】宏替换后，C(ra)被替换为 2*3.1415*ra，S(ra)被替换为 3.1415*ra*ra。

宏名无类型，它的参数也没有类型，只是一个符号代表。

宏替换是在程序编译时由编译预处理程序完成的，仅仅是一种简单的替换，因此宏调用不占用运行时间。

【例 8.3】带参数的宏替换示例。

```c
#include <stdio.h>
#define MA(x) x*(x-1)
void main()
{
    int a,b,c;
    a=1;
    b=2;
    c=a+b;
    printf("输出结果 1 为: %d\n", MA(1+a+b));
    printf("输出结果 2 为: %d\n", MA(1+c));
}
```

【运行结果】

```
输出结果 1 为: 8
输出结果 2 为: 10
```

【程序说明】宏替换后，MA(1+a+b)被原样替换为表达式 1+a+b*(1+a+b-1)，即 1+1+2*(1+1+2-1)；MA(1+c)被原样替换为表达式 1+c*(1+c-1)，c 的值为 3，代入计算。

8.3 文 件 包 含

文件包含是指将另外一个源文件的内容包含到当前文件中来。使用预处理命令#include实现文件包含，一般形式为：

```c
#include <文件名>
```

或者

```c
#include "文件名"
```

例如：

调用字符串复制函数 strcpy，需在程序的开始使用：

```c
#include <string.h>
```

表明将 string.h 文件的内容包含到当前文件中。

说明：

① 一个 include 命令只能指定一个被包含文件，如果需要包含多个文件，则可以用多个include 命令。

② <>表示预处理程序在标准目录下查找被包含文件；" "表示预处理程序首先在指定的目录中查找被包含文件，若只有文件名不带路径，则在当前目录中查找，若找不到，再到系统指定的标准目录中寻找。

③ 包含文件名可以是.c 源文件或.h 头文件。

例如：

```c
#include <stdio.h>
#include "myhead.h"
```

```
#include "D:\\myexam\\myfile.c"
```

④ #include 命令应书写在所用文件的开头，故有时也把包含文件称作头文件。

【例 8.4】文件包含和宏定义示例。

8.4.c（文件 1）

```
#include <stdio.h>
#include "common.h"
void main()
{
    int ra;
    double circule;
    printf("请输入圆半径: ");
    scanf(PD,&ra);
    circule=2*PI*ra;
    printf(PF, circule);
    printf(NEWLINE);
}
```

common.h（文件 2）

```
#define PI 3.14
#define NEWLINE "\n"
#define PD "%d"
#define PF "%f"
```

【运行结果】

请输入圆半径: 5
31.400000

【程序说明】文件 common.h 中，分别通过宏定义圆周率、回车、整型格式说明符和浮点格式说明符。文件 8.4.c 中，包含用户自定义文件 common.h 和系统库文件 stdio.h，分别使用文件包含的两种不同格式编写。

8.4 条件编译

预处理程序提供了条件编译的功能。可以按不同的条件去编译不同的程序部分，因而产生不同的目标代码文件。这对于程序的移植和调试是很有用的。

条件编译有三种形式，下面分别介绍。

1. 第一种形式

```
#ifdef  标识符
    程序段 1
#else
    程序段 2
#endif
```

如果没有程序段 2，可以省略#else，写为：

```
#ifdef  标识符
    程序段
#endif
```

功能是：如果标识符已被#define命令定义过，则对程序段 1 进行编译；否则对程序段 2 进行编译。

2. 第二种形式

```
#ifndef 标识符
    程序段1
#else
    程序段2
#endif
```

功能是：如果标识符未被#define命令定义过，则对程序段 1 进行编译，否则对程序段 2 进行编译。这与第一种形式的功能正好相反。

3. 第三种形式

```
#if 常量表达式
    程序段1
#else
    程序段2
#endif
```

功能是：如果常量表达式的值为真（非 0），则对程序段 1 进行编译，否则对程序段 2 进行编译。因此可以使程序在不同条件下，完成不同的功能。

习　题　八

1. 选择题

（1）以下有关宏替换不正确的叙述是（　　　　）。

    A. 宏替换不占用运行时间　　　　　　　　B. 宏名无类型

    C. 宏替换只是字符串替换　　　　　　　　D. 宏名必须用小写字母表示

（2）程序中定义以下宏 #define S(a,b) a*b，若定义 int area; 且令 area=S(3+1,3+4)，则变量 area 的值为（　　　　）。

    A. 10　　　　　　　B. 12　　　　　　　C. 21　　　　　　　D. 28

（3）在以下关于带参数宏定义的描述中，正确的说法是（　　　　）。

    A. 宏名和它的参数都无类型

    B. 宏名有类型，它的参数无类型

    C. 宏名无类型，它的参数有类型

    D. 宏名和它的参数都有类型

（4）以下程序段的输出结果是（　　　　）。

```
#include <stdio.h>
#define MIN(x,y)  (x)<(y)?(x):(y)
void main()
{
    int i,j,k;
    i=10;
    j=15;
    k=10*MIN(i,j);
```

```
    printf("%d\n",k);
}
```

A. 100   B. 150   C. 10   D. 15

（5）在宏定义#define PI 3.14159 中，用宏名代替一个（   ）。

A. 常量   B. 单精度数   C. 双精度数   D. 字符串

2. 编程题

（1）请写出一个宏定义 PH(c)，用以判断 c 是否为字母字符。若是，得 1，否则得 0。

（2）自定义一个含整型、实型、字符型输出格式的 f.h 文件，设计一个程序包含该文件。

第 9 章

指　针

指针是 C 语言中很重要而且非常复杂的一个概念。指针变量是存放地址的一种变量。通过指针可以有效地表示复杂的数据结构；可以动态分配内存，直接对内存地址进行操作；更灵活地处理字符串和数组等；可以提高某些程序的执行效率。本章主要介绍指针的概念及运算、指向数组和字符串的指针变量、指针与函数以及指针数组，使读者了解指针的概念，并掌握指针在编程中的应用。

9.1　指针的概念

9.1.1　地址

程序运行时，数据和程序代码都将被传输至计算机的内存。内存是计算机用于存储数据的存储器，最小单元为 1 字节（Byte）。为了能够正确地访问内存，需要为每一个内存单元编号，这个编号就是对应单元的地址。如果将一个机房比喻成内存，则机房的每一个机位就是内存单元，机位号就是该单元的地址。

当定义一个变量时，编译时系统根据变量类型自动分配相应长度的内存空间。变量占用内存单元的数量取决于编译环境，大多数编译环境中，除了整型变量以外，其他类型变量占用内存单元的数量是不变的。Visual C++ 6.0 中，整型变量占用 4 字节，单精度型变量占用 4 字节，字符变量占用 1 字节。

假设有以下变量：

```
int a=3;
float b=4.18;
char ch='M';
```

则变量 a、b、ch 占用内存单元的情况如图 9-1 所示。

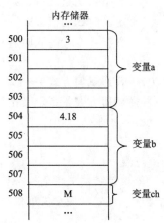

图 9-1　变量占用内存情况示意图

9.1.2 指针变量的定义

在 C 语言中，指针用来表示内存单元的地址。图 9-1 中，变量 a 占用了 500～503 这 4 个内存单元，a 的首地址为 500，那么地址 500 就是变量 a 的指针。用一个变量来保存内存单元的地址，这个变量就被称为指针变量。根据内存单元中存放的数据类型，指针变量也分为不同的类型。严格地说，指针和指针变量是不同的。一个指针的值是一个地址，属于常量，而一个指针变量是存放地址的变量，它的值是变化的，可以是不同的地址，属于变量。

在使用指针变量之前必须先定义，定义指针变量的一般形式如下：

[存储类型] 数据类型名 *指针变量名[=初始值];

说明：

① 存储类型为变量本身的存储类型，变量的存储类型在第 7 章中已经介绍，此处不再赘述。

② 数据类型是指针变量指向的内存单元所存放数据的数据类型，即指针变量指向变量的数据类型。

③ *表示定义的是一个指针变量，指针变量名的命名与一般变量相同，需遵守标识符的命名规则。

④ 初始值通常为某个变量的地址或为 NULL。

指针变量定义示例如下：

```
int a,*p1=&a;  /*p1是指向整型变量的指针，p1指向了变量a的地址，&是取地址运算符*/
float *p2;      /*p2是指向单精度浮点型变量的指针，没有赋初值*/
char *p3=NULL;  /*p3是指向字符变量的指针，p3指向了一个空地址*/
```

ℹ️ **注意**

> 指针变量的值是指针指向变量在内存单元中的首地址。如图 9-1 中，变量 a 的首地址为 500，而我们又定义了指针变量 p1，并且指针变量 p1 指向变量 a，那么指针变量 p1 的值就是 500。

9.1.3 指针变量的使用

定义了指针变量之后，必须赋值后才能使用。赋值方式有如下两种：

（1）定义时赋初值方式

在定义指针变量的同时直接将变量的地址赋值给指针变量，例如：

```
char ch,*p=&ch;
```

（2）普通赋值方式

普通赋值方式是指定义指针变量之后，将变量的地址赋值给指针变量，例如：

```
char ch,*p;
p=&ch;
```

ℹ️ **注意**

> 给指针变量赋值是指将普通变量的地址赋值给指针变量，也就是说指针变量指向了普通变量，也可以将空值赋值给指针变量，例如：
>
> ```
> char *p=NULL;
> ```
>
> 表示指针变量 p 不指向任何内存单元。

给指针变量赋值后，就可以使用指针变量了，使用的方式有如下两种：

（1）取变量的值

```
*指针变量名        //表示指针变量所指向变量的值
```

（2）取变量的地址

```
指针变量名         //表示所指向变量的地址
```

例如：

```
char ch,*p;
p=&ch;
*p='M';
```

其中，ch、*p 的值均为'M'，&ch、p 均表示变量 ch 的地址，如图 9-1 所示为 508。

【例 9.1】通过指针变量访问整型变量。

```c
#include <stdio.h>
void main()
{
    int a,b,*p1,*p2;
    p1=&a;
    p2=&b;
    a=66;
    *p2=88;
    printf("a=%d,b=%d\n",a,b);
    printf("a=%d,b=%d\n",*p1,*p2);
}
```

【运行结果】

```
a=66,b=88
a=66,b=88
```

【程序说明】main 函数的第 2、3 行分别将指针变量 p1 和 p2 指向变量 a 和 b，需要注意的是，第 5 行将 88 赋值给*p2，等价于 b=88，*p2 表示的是变量 b 的值，而 p2 表示变量 b 的地址即&b，这里一定不能写成 p2=88。最后输出时*p1 和*p2 分别表示变量 a 和变量 b 的值，因此最后两行 printf 函数的作用是相同的。

【例 9.2】将输入的两个整数按由小到大的顺序输出。

```c
#include <stdio.h>
void main()
{
    int *p1,*p2,*p,a,b;
    printf("请输入两个整数: \n");
    scanf("%d%d",&a,&b);
    p1=&a;
    p2=&b;
    if(a>b)
    {
        p=p1;p1=p2;p2=p;
    }
    printf("a=%d,b=%d\n",a,b);
    printf("min=%d,max=%d\n",*p1,*p2);
}
```

【运行结果】

请输入两个整数:
88 56
a=88,b=56
min=56,max=88

【程序说明】首先输入两个整数 a、b，第 4、5 行分别将指针变量 p1、p2 指向了变量 a、b，p1、p2 的值分别是变量 a 和 b 的地址。如果 a>b，那么交换 p1 和 p2 的值，交换后 p1 指向了 b，p2 指向了 a。注意，这里变量 a 和 b 的值没有变，只是指针变量 p1、p2 的值交换了，使 p1 指向了数值较小的变量，p2 指向了数值较大的变量。

9.2　指针的基本运算

指针的运算除了前面介绍的赋值运算外，还有算术运算和关系运算。

9.2.1　指针的算术运算

指针算术运算的功能是完成指针的移动，来实现对不同内存单元中数据的访问。对不同的指针变量类型，移动的单位长度有所不同。指针的算术运算有加（+）、减（-）、自增（++）、自减（--）4 种。

假设 p、q 为某种类型的指针变量，n 为整型变量，那么 p+n、p-n、p++、++p、p--、--p 的运算结果仍然是指针变量。

例如：

```
int a=5,*p=&a;
```

这里整型变量 a 在 Visual C++ 6.0 中占用 4 字节，假定变量 a 的地址为 500，则 p=500。变量 a 与指针 p 的存储关系如图 9-2（a）所示。p=p+1 语句、p++语句和++p 语句的功能相同，表示指针 p 向下移动 1 个位置，请注意：移动后 p 的值是 504，而不是 501，也就是说指针指向了下一个变量的存储单元，如图 9-2（b）所示。

一个指针加、减一个常量 n 后的新位置，是在原来基础上加或减"sizeof（指针数据类型）*n"，而不是指针直接加或减 n。

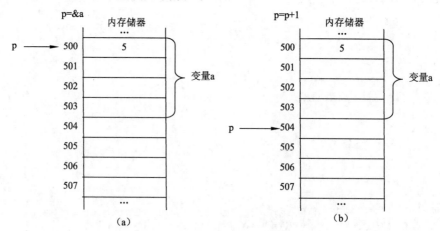

图 9-2　变量 a 与指针 p 的存储关系

【例 9.3】阅读下面的程序，了解指针移动时指针变量值的变化情况。

```c
#include <stdio.h>
void main()
{
    int a=5,*p1=&a;
    char ch='M',*p2=&ch;
    double b=3.14,*p3=&b;
    printf("1.整型指针变量 p1 的变化:\n");
    printf("变量 a 的值\t 变量 a 的地址:\n");
    printf("*p1=%d\tp1=%lu\n",*p1,p1);
    printf("变量 a 下一单元的值\t 变量 a 下一单元的地址:\n");
    printf("*(p1+1)=%d\tp1+1=%lu\n",*(p1+1),p1+1);
    printf("2.字符型指针变量 p2 的变化:\n");
    printf("变量 ch 的值\t 变量 ch 的地址:\n");
    printf("*p2=%c\tp2=%lu\n",*p2,p2);
    printf("变量 ch 下一单元的值\t 变量 ch 下一单元的地址:\n");
    printf("*(p2+1)=%c\tp2+1=%lu\n",*(p2+1),p2+1);
    printf("3.双精度型指针变量 p3 的变化:\n");
    printf("变量 b 的值\t 变量 b 的地址:\n");
    printf("*p3=%f\tp3=%lu\n",*p3,p3);
    printf("变量 b 下一单元的值\t 变量 b 下一单元的地址:\n");
    printf("*(p3+1)=%f\tp3+1=%lu\n",*(p3+1),p3+1);
}
```

【运行结果】

```
1.整型指针变量 p1 的变化:
变量 a 的值        变量 a 的地址:
*p1=5        p1=1638212
变量 a 下一单元的值        变量 a 下一单元的地址:
*(p1+1)=1638280 p1+1=1638216
2.字符型指针变量 p2 的变化:
变量 ch 的值        变量 ch 的地址:
*p2=M        p2=1638204
变量 ch 下一单元的值        变量 ch 下一单元的地址:
*(p2+1)=?        p2+1=1638205
3.双精度型指针变量 p3 的变化:
变量 b 的值        变量 b 的地址:
*p3=3.140000        p3=1638192
变量 b 下一单元的值        变量 b 下一单元的地址:
*(p3+1)=-9255336407000.000000        p3+1=1638200
```

【程序说明】定义了整型、字符型、双精度型 3 种类型的指针变量，当指针变量移到下一个存储单元时，指针变量的变化是不同的。由于整型变量占用 4 字节，字符变量占用 1 字节，双精度型变量占用 8 字节，所以当指针变量向下移动 1 个单元时，指针变量 p1 增加了 4，指针变量 p2 增加了 1，指针变量 p3 增加了 8。无论是哪一种变量，下一单元存放的变量值是无法确定的。

9.2.2　指针的关系运算

两个指针在有意义的情况下可以做比较运算。一般常用于比较两个指针是否相等，即两个指针是否指向同一个变量。注意，不同类指针之间的比较是没有意义的。

假设有：

```
int a,*p1,*p2=&a;
```

则表达式 p1==p2 的值为 0（假）。

如果再加一条语句：

```
p1=&a;
```

那么表达式 p1==p2 的值就为 1（真）。

【例 9.4】阅读下面的程序，了解指针的关系运算。

```
#include <stdio.h>
void main()
{
    int a,b,*p1=&a,*p2=&b;
    printf("(p1==p2) is %d\n",p1==p2);
    p2=&a;
    printf("(p1==p2) is %d\n",p1==p2);
}
```

【运行结果】

```
(p1==p2) is 0
(p1==p2) is 1
```

【程序说明】定义了两个指针变量 p1、p2 分别指向变量 a、b，所以 p1 和 p2 的值不同；当执行 P2=&a; 语句时，将 p2 指向了变量 a，因此 p1、p2 同时指向变量 a，它们的值就相同了。

9.3 指向数组的指针变量

每个变量在内存单元中都有自己的地址，一个数组包含多个数组元素，这些数组元素在内存中是连续存放的，每个数组元素也有各自相应的地址，数组名代表数组的首地址，也就是数组中第一个元素的地址，当定义数组时，其首地址就固定不变了。

指针变量可以指向普通变量，也可以指向数组中的元素。通过指针变量来指向数组中的不同元素，可以使程序的效率更高，执行速度更快。

9.3.1 指向一维数组的指针变量

定义指向一维数组的指针变量的方法，与前面介绍的指向变量的指针变量定义方法是相同的。例如：

```
int a[3],*p;
/*定义一个整型数组 a 和一个整型指针变量。*/
p=a;    /*指针 p 指向数组 a 的首地址。*/
```

假定数组 a 的首地址为 500，指针 p 与数组 a 的存储关系如图 9-3 所示。

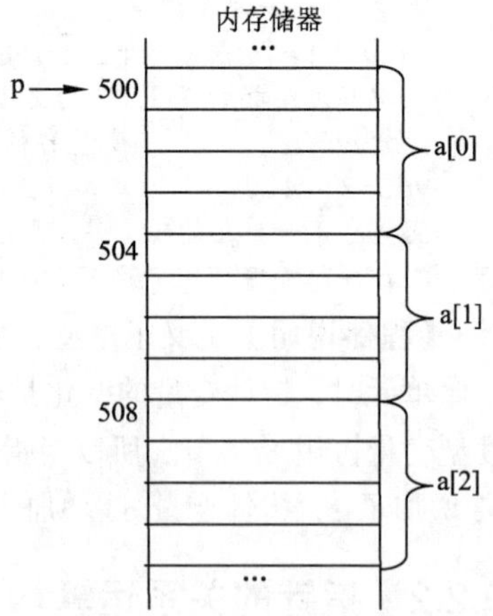

数组中的元素在内存中是连续存放的，数组名代表数组的首地址。从图 9-3 中可以看出，数组 a 的首地址可以用 a、p 或&a[0]表示。数组元素 a[1]的地址可以用 a+1、p+1 或&a[1]表示，数组元素 a[1]的值还可以用 p[1]、*(p+1)、*(a+1)表示。

图 9-3 指针 p 与数组 a 的存储关系

ⓘ 注意

数组 a 的首地址是不变的，而指针变量 p 是可以移动的，假定 p 指向 a[0]，当指针变量向下移动一个单元时，p 指向了下一个数组元素 a[1]。

假定现在指针 p 指向数组 a 的首地址，指针 p 与数组 a 的关系如表 9-1 所示。

表 9-1 指针 p 与数组 a 的关系

说 明	地址表示	说 明	数组元素表示
a 的首地址	a、p、&a[0]	a[0]的值	*a、*p、a[0]
a[1]的地址	a+1、p+1、&a[1]	a[1]的值	*(a+1)、*(p+1)、a[1]、p[1]
a[i]的地址	a+i、p+i、&a[i]	a[i]的值	*(a+i)、*(p+i)、a[i]、p[i]

【例 9.5】假设有一个整型数组 a，输入数组元素后，通过不同的方法输出各元素的值。

```c
#include <stdio.h>
void main()
{
    int i,a[10],*p;
    printf("请输入数组元素的值(10 个整数):\n");
    for(i=0;i<10;i++)
        scanf("%d",&a[i]);
    printf("利用下标法输出数组元素的值:\n");
    for(i=0;i<10;i++)
        printf("%d ",a[i]);
    printf("\n 通过数组名计算数组元素地址，输出数组元素的值:\n");
    for(i=0;i<10;i++)
        printf("%d ",*(a+i));
    printf("\n 用指针变量指向数组元素，输出数组元素的值:\n");
    for(p=a;p<(a+10);p++)
        printf("%d ",*p);
}
```

【运行结果】

请输入数组元素的值(10 个整数):
11 22 33 44 55 66 77 88 99 100
利用下标法输出数组元素的值:
11 22 33 44 55 66 77 88 99 100
通过数组名计算数组元素地址，输出数组元素的值:
11 22 33 44 55 66 77 88 99 100
用指针变量指向数组元素，输出数组元素的值:
11 22 33 44 55 66 77 88 99 100

【程序说明】首先循环输入数组中各元素的值，然后通过 3 种方式输出数组元素的值。第三种方式，在使用指针变量指向数组元素时，有以下几个问题要注意：

① 可以通过改变指针变量的值指向不同的元素。如上例语句 for(p=a; p<(a+10); p++)中用 p++使 p 的值不断改变从而指向不同的元素，这是合法的。

② 如果不用指针 p 而使数组名 a 变化（例如用 a++）是不合法的。如最后两行改为：

```c
for(p=a;a<(p+10);a++)
    printf("%d",*a);
```

是不行的。因为数组名代表数组首元素的地址，它是一个指针常量，它的值在程序运行期间是固定不变的，所以 a++是无法实现的。

9.3.2　指向多维数组的指针变量

指针变量可以指向一维数组中的元素，也可以指向多维数组中的元素。多维数组的数组名代表数组的首地址，这里以二维数组为例，介绍指向多维数组的指针变量。

定义指向二维数组的指针变量的方法举例如下：

```
int a[3][4],*p=a[0];
```

二维数组 a 有 3 行 4 列，在内存中是连续存放的，先存放 a[0]行，再存放 a[1] 行，最后存放 a[2] 行；每行中的 4 个元素也是依次存放。数组 a 为 int 类型，每个元素占用 4 字节，整个数组共占用 $4×(3×4)=48$ 字节。

C 语言允许把一个二维数组分解成多个一维数组来处理。对于数组 a，它可以分解成 3 个一维数组，即 a[0]、a[1]、a[2]。每一个一维数组又包含了 4 个元素，例如 a[0] 包含 a[0][0]、a[0][1]、a[0][2]、a[0][3]。

a、a[0]和指针 p 都指向了数组 a 的首地址，这里要注意的是，a 虽然也指向了数组的首地址，但是它是一个行指针，代表的是第 0 行的首地址，因此 a+1 代表第 1 行的首地址。

给指针变量 p 赋初值的形式有如下两种：

```
p=a[0];
```

或

```
p=&a[0][0];
```

而 p=a 是不对的，编译时会有警告产生。

指针变量 p 与二维数组 a 在内存中的存储关系如图 9-4 所示。

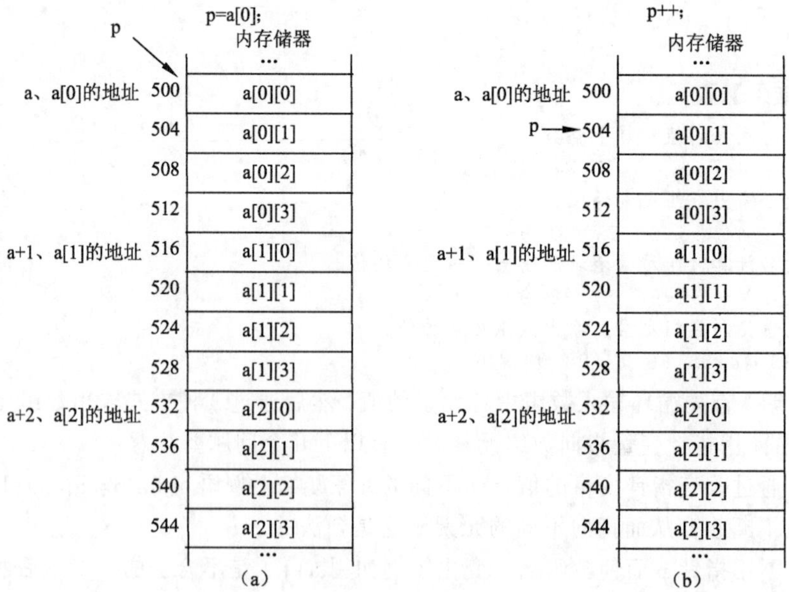

图 9-4　指针 p 与二维数组 a 的存储关系

在图 9-4（a）中，将指针 p 移到下一行地址（即 a[1][0]处）的表达式为
p=a[0]+4;
将指针 p 移到下一个元素地址（即 a[0][1]处）的表达式有如下几种：
p=a[0]+1;
p=&a[0][0]+1;
p=p+1;

假定现在 p=a[0];，即指针 p 指向数组 a 的首地址 500，指针 p 与数组 a 的关系如表 9-2 所示。

表 9-2　指针 p 与数组 a 的关系

说　明	地址表示	说　明	数组元素表示
a 的首地址	a、p、*a、a[0]、&a[0][0]	a[0][0]的值	**a、*p、*a[0]、a[0][0]
a[0][1]的地址	p+1、*a+1、a[0]+1、&a[0][0]+1	a[0][1]的值	*(p+1)、*(*a+1)、*(a[0]+1)、a[0][1]
a[1][0]的地址	a+1、a[1]	a[1][0]的值	**(a+1)、*(p+4)、*a[1]、a[1][0]
a[i][0]的地址	a+i、a[i]	a[i][0]的值	**(a+i)、*(p+i*4)、*a[i]、a[i][0]
a[i][j]的地址	p+i*4+j、*a+i*4+j、a[0]+i*4+j、&a[0][0]+i*4+j、&a[i][j]	a[i][j]的值	*(p+i*4+j)、*(*a+i*4+j)、*(a[0]+i*4+j)、*(&a[0][0]+i*4+j)、a[i][j]

【例 9.6】阅读程序，理解指针与二维数组地址的关系。
```c
#include <stdio.h>
void main()
{
    int a[3][4]={{1,2,3,4},{5,6,7,8},{9,10,11,12}};
    int *p;
    p=a[0];
    printf("1:输出数组 a 的首地址:\n");
    printf("a=%lu\n",a);
    printf("*a=%lu\n",a);
    printf("p=%lu\n",p);
    printf("a[0]=%lu\n",a[0]);
    printf("&a[0][0]=%lu\n",&a[0][0]);
    printf("2:输出数组 a 第 1 行的首地址:\n");
    printf("a+1=%lu\n",a+1);
    printf("3:输出数组元素 a[0][1]的地址:\n");
    printf("*a+1=%lu\n",*a+1);
    printf("p+1=%lu\n",p+1);
    printf("a[0]+1=%lu\n",a[0]+1);
    printf("&a[0][0]+1=%lu\n",&a[0][0]+1);
    printf("4:输出数组元素 a[1][2]的地址:\n");
    printf("*a+1*4+2=%lu\n",*a+1*4+2);
    printf("p+1*4+2=%lu\n",p+1*4+2);
    printf("a[0]+1*4+2=%lu\n",a[0]+1*4+2);
    printf("&a[0][0]+1*4+2=%lu\n",&a[0][0]+1*4+2);
}
```
【运行结果】
1:输出数组 a 的首地址:
a=1638168

```
*a=1638168
p=1638168
a[0]=1638168
&a[0][0]=1638168
2:输出数组 a 第 1 行的首地址:
a+1=1638184
3:输出数组元素 a[0][1]的地址:
*a+1=1638172
p+1=1638172
a[0]+1=1638172
&a[0][0]+1=1638172
4:输出数组元素 a[1][2]的地址
*a+1*4+2=1638192
p+1*4+2=1638192
a[0]+1*4+2=1638192
&a[0][0]+1*4+2=1638192
```

【程序说明】a 和*a 所指向的地址是一样的。a 是一个行指针，a+1 就指向了下一行。而 *a 就是一个普通指针，它指向数组中的第一个元素 a[0][0]，*a+1 则指向了 a[0][1]。

【例 9.7】阅读程序，理解指针与数组元素的关系。

```c
#include <stdio.h>
void main()
{
    int a[3][4]={{1,2,3,4},{5,6,7,8},{9,10,11,12}};
    int *p,i,j;
    p=a[0];
    printf("数组中的数据如下:\n");
    for(i=0;i<3;i++)
    {
        for(j=0;j<4;j++)
            printf("a[%d][%d]=%d   ",i,j,a[i][j]);
        printf("\n");
    }
    printf("第 0 行第 0 列元素的值: \n");
    printf("**a=%d\n",**a);
    printf("*p=%d\n",*p);
    printf("*a[0]=%d\n",*a[0]);
    printf("a[0][0]=%d\n",a[0][0]);
    printf("第 0 行第 1 列元素的值: \n");
    printf("*(*a+1)=%d\n",*(*a+1));
    printf("*(p+1)=%d\n",*(p+1));
    printf("*(a[0]+1)=%d\n",*(a[0]+1));
    printf("a[0][1]=%d\n",a[0][1]);
    printf("第 1 行第 2 列元素的值: \n");
    printf("*(*a+1*4+2)=%d\n",*(*a+1*4+2));
    printf("*(p+1*4+2)=%d\n",*(p+1*4+2));
    printf("*(a[0]+1*4+2)=%d\n",*(a[0]+1*4+2));
    printf("a[1][2]=%d\n",a[1][2]);
}
```

【运行结果】

数组中的数据如下:
a[0][0]=1	a[0][1]=2	a[0][2]=3	a[0][3]=4
a[1][0]=5	a[1][1]=6	a[1][2]=7	a[1][3]=8
a[2][0]=9	a[2][1]=10	a[2][2]=11	a[2][3]=12

第 0 行第 0 列元素的值:
```
**a=1
*p=1
*a[0]=1
a[0][0]=1
```
第 0 行第 1 列元素的值:
```
*(*a+1)=2
*(p+1)=2
*(a[0] +1)=2
a[0][1]=2
```
第 1 行第 2 列元素的值:
```
*(*a+1*4+2)=7
*(p+1*4+2)=7
*(a[0]+1*4+2)=7
a[1][2]=7
```

【程序说明】a[0]表示数组的首地址而不是数组元素。

 9.4　指向字符串的指针变量

在 C 语言中, 字符串的表示形式有两种。

1. 用字符数组表示一个字符串

【例 9.8】定义一个字符数组, 初始化后, 输出该字符串的内容。

```
#include <stdio.h>
void main()
{
    char str[]="Hello World!";
    printf("字符串为: \n");
    printf("%s\n",str);
}
```

【运行结果】

```
字符串为:
Hello World!
```

用指针变量访问该数组的方式与 9.3 节介绍的相同, 这里就不再介绍了。

2. 用字符指针指向一个字符串

利用指向字符型变量的指针可以定义一个字符串, 形式如下:

```
char *p="Hello World!";
```

字符串 p 在内存单元中的存储情况如图 9-5 所

p	内存储器
	...
500	H
501	e
502	l
503	l
504	o
505	
506	W
507	o
508	r
509	l
510	d
511	!
512	\0
	...

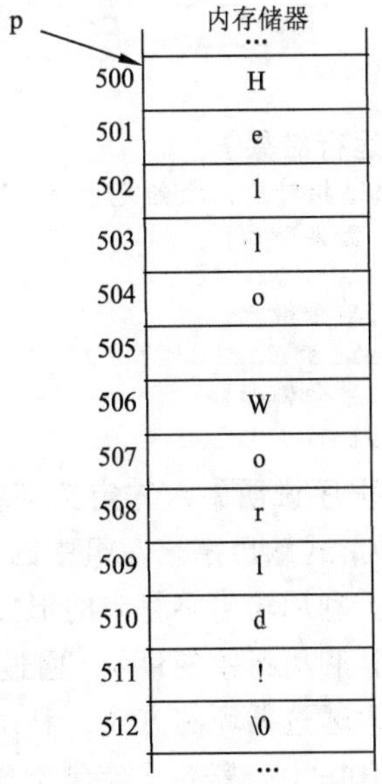

图 9-5　字符串 p 在内存单元的存储情况

示。要引用字符串中的某个字符，可以有以下两种形式：

```
*(p+i)
 p[i]
```

【例 9.9】利用指向字符型变量的指针定义一个字符串，输出该字符串的内容。

```
#include <stdio.h>
void main()
{
    char *p="Hello World!";
    printf("字符串为: \n");
    printf("%s\n",p);
}
```

【运行结果】

```
字符串为:
Hello World!
```

【例 9.10】利用指针来输出字符数组中的元素。

```
#include <stdio.h>
void main()
{
    char str[20]="Hello World!",*p=str;
    int i;
    printf("通过指针输出数组元素: \n");
    printf("1.整体输出: \n%s\n",p);
    printf("2.单个输出: \n");
    while(*p!='\0')
    {
        putchar(*p);
        p++;
    }
    p=str;
    printf("\n3.单个输出: \n");
    for(i=0; p[i]!='\0';i++)
        printf("%c",p[i]);
}
```

【运行结果】

```
通过指针输出数组元素:
1.整体输出:
Hello World!
2.单个输出:
Hello World!
3.单个输出:
Hello World!
```

【程序说明】首先定义字符数组 str 和指针变量 p，使 p 指向数组 str 的首地址，然后通过 3 种形式输出字符数组中的内容。

① 利用输出字符串的形式整体输出字符数组中的元素。

② 利用指针变量 p，通过*p 的形式逐个输出字符数组中的元素。

③ 通过循环的方式，利用 p[i]的形式逐个输出字符数组中的元素，注意 for 循环结束条件是 p[i]!='\0'，避免了字符数组元素个数不足 20 个而输出不必要的字符的错误。

9.5　指针变量作函数参数

　　函数的参数不仅可以是整型、字符型、浮点型等基本数据类型，还可以是指针类型变量。当指针变量作为函数参数时，函数之间传递的就是变量的地址，也就是说，函数中形参值改变的同时，实参值同步改变了。

　　【例 9.11】将输入的两个整数按由小到大的顺序输出，要求利用函数进行交换，函数参数为指针类型数据。

```c
#include <stdio.h>
void swap(int *p1,int *p2)
{
    int t;
    t=*p1;
    *p1=*p2;
    *p2=t;
}
void main()
{
    int a,b;
    int *pointer1,*pointer2;
    printf("请输入两个整数: \n");
    scanf("%d%d",&a,&b);
    pointer1=&a;
    pointer2=&b;
    if(a>b)
        swap(pointer1,pointer2);
    printf("a=%d,b=%d\n",a,b);
    printf("min=%d,max=%d\n",*pointer1,*pointer2);
}
```

【运行结果】

请输入两个整数:
88 66
a=66,b=88
min=66,max=88

【程序说明】

　　① 在主函数中输入两个整数 a 和 b（88 和 66），指针变量 pointer1 指向变量 a，指针变量 pointer2 指向变量 b，如图 9-6（a）所示。然后比较 a、b 的大小，如果 a>b 就调用函数 swap。

　　② swap 函数是用户定义的子函数，它的作用是交换变量 a 和 b 的值。

　　③ 注意：实参是指针变量 pointer1 和 pointer2，形参是指针变量 p1 和 p2。函数调用时，pointer1、pointer2 分别把变量 a、b 的地址传给形参变量 p1 和 p2，这种方式为"传址"。此时，pointer1、p1 共同指向了变量 a，pointer2、p2 共同指向了变量 b，如图 9-6（b）所示。

　　④ 在函数 swap 中，完成*p1、*p2 的交换，即变量 a、b 的交换，如图 9-6（c）所示。

　　⑤ 函数调用结束后，形参 p1、p2 被释放，指针及变量情况如图 9-6（d）所示。

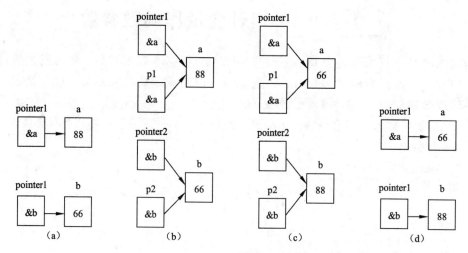

图 9-6　传址调用函数交换两个变量的值

这里注意比较和例 9.2 的区别，例 9.2 中交换了指针变量的值，而本例中是交换了两个变量的值。

9.6　指针与函数

9.6.1　指针型函数

函数类型是指函数返回值的类型。当函数的返回值是一个指针（即地址值）的时候，该函数就被称为指针型函数。在主调函数中，函数返回值必须赋值给相同类型的指针变量。

定义指针型函数的形式为：

说明：

① 数据类型是指函数返回的指针指向的数据类型。

② *表示此函数为指针型函数，其函数值为指针，返回值是一个指针（即地址的值）。

③ (函数参数列表)中的括号为函数调用运算符，在调用语句中，即使函数不带参数，其参数表的一对括号也不能省略。例如：

```
int *a(int x,int y);
```

【例 9.12】有若干学生的成绩，每个学生有 3 门课程，在用户输入学生序号时，输出该学生的全部成绩，要求用指针函数实现。

```
#include <stdio.h>
int *search(int (*sp)[3],int n)
{
    int *p1;
    p1=*(sp+n);
    return(p1);
}
void main()
```

```
{
    int score[ ][3]={{99,98,97},{88,87,86},{98,88,86},{60,50,40}};
    int i,s,*p;
    printf("请输入要查找成绩的学生序号: \n");
    scanf("%d",&s);
    printf("第%d个学生的成绩为: \n",s);
    p=search(score,s);
    for(i=0;i<3;i++)
        printf("%d\t",*(p+i));
}
```

【运行结果】

请输入要查找成绩的学生序号:
2
第 2 个学生的成绩为:
98　　　　88　　　　86

【程序说明】

①　在主函数中定义一个二维数组存放学生的成绩，输入要查找成绩的学生序号 s，注意学生序号从 0 开始，然后调用 search 函数，来查找序号为 s 的学生成绩存放的地址。主函数调用 search 函数，将 score 数组首行地址传给形参 sp，注意，score 是一个行指针。

②　search 函数为指针型函数，形参 sp 是指向一维数组的指针变量，sp+1 指向了第 1 行第 0 列元素，是一个行指针，加了*之后，就变成指向列的指针了。

③　调用 search 函数后，得到一个地址（指向第 s 个学生第 0 门课的成绩），赋值给指针变量 p。然后将该学生 3 门课的成绩输出，*(p+i)表示该学生第 i 门课的成绩。

9.6.2　指向函数的指针

每个函数在内存单元中都占用一定的存储空间，都有自己执行时的入口地址。我们可以定义一种指针变量，用来存放函数的入口地址，这种指向函数的指针变量被称为函数指针变量，简称函数指针。

定义函数指针变量的形式为：

数据类型名 (*指针变量名)();

说明：

①　数据类型是指函数返回值的数据类型。

②　(*指针变量名)*表示定义的是一个指针变量。

③　()表示指针变量指向的是一个函数。例如：

int (*p)();

表示定义了一个指向函数的指针变量 p，该函数的返回值为整型。

注意

int (*p)()和 int *p()的区别如下：

①　int (*p)()表示定义了一个指向函数入口地址的指针变量 p，这两对括号都不能少。

②　int *p()表示定义了一个指针型的函数 p，该函数的返回值为整型。

先来回顾一个普通函数调用的例子。

【例 9.13】输入两个整数，并找出其中的大数。

```c
#include <stdio.h>
int max(int x,int y)
{
    int z;
    if(x>y)
        z=x;
    else
        z=y;
    return(z);
}
void main()
{
    int a,b,c;
    printf("请输入两个整数: \n");
    scanf("%d%d",&a,&b);
    c=max(a,b);
    printf("a=%d,b=%d,max=%d\n",a,b,c);
}
```

【运行结果】

请输入两个整数:
55 77
a=55,b=77,max=77

【程序说明】在主函数中输入两个整数后，调用 max 函数，max 函数返回 a、b 中的大值，将 max 返回值赋值给变量 c，最后输出。

max 函数在内存中有一个起始地址，因此可以用一个指针变量指向该函数，通过指针变量来访问 max 函数，方式如例 9.14。

【例 9.14】输入两个整数，并找出其中的大数。利用指针变量来访问 max 函数。

```c
#include <stdio.h>
int max(int x,int y)
{
    int z;
    if(x>y)
        z=x;
    else
        z=y;
    return(z);
}
void main()
{
    int a,b,c;
    int (*p)(int,int);
    p=max;
    printf("请输入两个整数: \n");
    scanf("%d%d",&a,&b);
    c=(*p)(a,b);
```

```
        printf("a=%d,b=%d,max=%d\n",a,b,c);
}
```

【运行结果】

请输入两个整数：

55 77

a=55,b=77,max=77

【程序说明】

① 在主函数中，第 2 行定义了一个指向函数的指针变量 p，该函数的返回值为整型，有两个参数均为整型。注意，这里一定不能写成 int *p(int,int);，后者表示定义了一个返回值为指针的函数。

② 在主函数第 3 行中，p=max;表示把函数 max 的入口地址赋值给指针变量 p。函数名代表了函数的入口地址。

③ 调用*p 就相当于调用 max 函数。主函数第 6 行中，c=(*p)(a,b);调用了 max 函数，并将函数的返回值赋值给了变量 c。

9.7　指 针 数 组

在数组中，如果每一个数组元素均为指针型数据，这些指针都指向相同的数据类型，这种数组称为指针数组。

指针数组的定义形式如下：

[存储类型]　数据类型名　*数组名[元素个数]；

说明：

① 存储类型为数组本身的存储类型，与变量的存储类型相同，变量的存储类型在第 7 章中已经介绍，这里就不再介绍了。

② 数据类型是指数组元素指针所指向的数据类型。

③ *数组名表示数组类型是指针数组，其中的元素均为指针。例如：

int *p[5];

表示定义了指针数组，数组中有 5 个元素，每个元素均为指向整型数据的指针。

通常可用指针数组来处理字符串和二维数组。

【例 9.15】有若干学生的成绩，每个学生有 3 门课程，要求用指针数组输出所有学生的成绩。

```
#include <stdio.h>
void main()
{
    static int score[4][3]={{99,98,97},{88,87,86},{98,88,86},{60,50,40}};
    int *p[4]={score[0],score[1],score[2],score[3]};
    int i,j;
    for(i=0;i<4;i++)
    {
        printf("第%d个学生的成绩如下:\n",i);
        for(j=0;j<3;j++)
            printf("%d\t",p[i][j]);
```

```
        printf("\n");
    }
}
```

【运行结果】

第 0 个学生的成绩如下：
99   98   97
第 1 个学生的成绩如下：
88   87   86
第 2 个学生的成绩如下：
98   88   86
第 3 个学生的成绩如下：
60   50   40

【程序说明】

① 主函数第 2 行定义了一个指针数组 p，该数组中有 4 个元素，每个元素都是一个指针，分别指向了数组 score 中的 score[0]、score[1]、score[2]和 score[3]，也就是指向了 score 数组每一行的首地址。

② 程序中用 p[i][j]访问数组元素 score[i][j]。

【例 9.16】将若干字符串按字母顺序输出显示。

```c
#include <stdio.h>
#include <string.h>
void sort(char *string[],int n)
{
    char *temp;
    int i,j,k;
    for(i=0;i<n-1;i++)
    {
        k=i;
        for(j=i+1;j<n;j++)
            if(strcmp(string[k],string[j])>0)
                k=j;
            if(k!=i)
            {
                temp=string[i];string[i]=string[k];string[k]=temp;
            }
    }
}
void print(char *string[],int n)
{
    int i;
    for(i=0;i<n;i++)
        printf("%s\n",string[i]);
}
void main()
{
    char *string[]={"Monday","Tuesday","Wednesday","Thursday","Friday"};
    int n=5;
    sort(string,n);
    print(string,n);
}
```

【运行结果】

```
Friday
Monday
Thursday
Tuesday
Wednesday
```

【程序说明】

① 程序定义了两个子函数，sort 和 print，它们的形参均为指针数组 string 和字符串个数 n。sort 的功能是排序，print 的功能是输出显示。

② main 函数首先定义了一个指针数组，它含有 5 个元素，每个元素的初始值分别为 "Monday"，"Tuesday"，"Wednesday"，"Thursday"，"Friday" 的首地址。然后依次调用函数 sort 和 print。

③ 在 sort 函数中，用字符串比较函数 strcmp 对 string[k]（即 string[i]）和 string[j] 进行比较，这里 j>k（即 i），如果 strcmp(string[k],string[j])>0，即前面字符串>后面字符串，那么交换 string[i] 和 string[j] 的值，string[i] 和 string[j] 表示各自指向字符串的地址，也就是让 string[i] 指向了 string[j] 原来指向的字符串，string[j] 指向了 string[i] 原来指向的字符串。

④ print 函数中，string[0]～string[4] 分别表示各字符串（按从小到大排好序的字符串）的首地址。

习　题　九

1．选择题

（1）变量的指针是指该变量的（　　　）。

　　A．值　　　　　　　　B．地址　　　　　　　C．名字　　　　　　　D．一个标志

（2）已有如下代码：

```
int *p1,*p2,a=8;
p1=&a;p2=&a;
```

　　下面不能正确赋值的语句是（　　　）。

　　A．a=*p1+*p2;　　　B．p2=a;　　　　　C．p1=p2;　　　　　D．a=*p1*(*p2);

（3）若有以下定义：int a[5],*p=a;，则 p+3 表示（　　　）。

　　A．元素 a[3] 的地址　　　　　　　　　　B．元素 a[3] 的值

　　C．元素 a[4] 的地址　　　　　　　　　　D．元素 a[4] 的值

（4）下面程序段的运行结果是（　　　）。

```
char *s="Hello!";
s+=2;
printf("%d",s);
```

　　A．llo!　　　　　　　　　　　　　　　　B．字符 'l'

　　C．字符 'l' 的地址　　　　　　　　　　　D．无确定的输出结果

（5）有：char (*p)[6]，其中 p 是（　　　）。

　　A．6 个指向字符变量的指针

B. 指向 6 个字符变量的函数指针

C. 一个指向具有 6 个字符型元素的一维数组的指针

D. 具有 6 个指针元素的一维指针数组，每个元素都只能指向字符型数据

（6）若有以下定义：int a[10]={ 1,2,3,4,5,6,7,8,9,10} ,*p=a;，则不能表示数组 a 中元素的表达式是（　　　）。

    A. *p   B. a[10]   C. *a   D. a[p-a]

（7）以下程序的输出结果是（　　　）。

```
#include "stdio.h"
void main()
{
    int **k,*a,b=100;
    a=&b;
    k=&a;
    printf("d\n",**k);
}
```

    A. 运行出错   B. 100   C. a 的地址   D. b 的地址

（8）已有定义 int (*p)();，指针 p 表示（　　　）。

    A. 函数的返回值   B. 指向函数的入口地址

    C. 函数的类型   D. 函数返回值的类型

（9）下列关于指针的运算中，哪一项是非法的（　　　）。

    A. 两个指针在一定条件下，可以进行相等或不等的运算

    B. 可以用一个空指针赋值给某个指针

    C. 一个指针可以是两个整数之差

    D. 两个指针在一定的条件下可以相加

（10）以下程序的输出结果是（　　　）。

```
#include <stdio.h>
void prtv(int *x)
{
    printf("%d\n",++*x);
}
void main()
{
    int a=26;
    prtv(&a);
}
```

    A. 24   B. 25   C. 26   D. 27

2. 编程题

（1）用指针实现，输入两个整型数 a、b，输出 a、b 的和、差、积、商。

（2）输入 3 个整数，按由小到大的顺序输出。

（3）输入 3 个字符串，按由小到大的顺序输出。

（4）编写函数，求一个字符串的长度。在 main 函数中输入字符串，并输出其长度。

（5）将 n 个数按输入时顺序的逆序排列，用函数实现。

第 **10** 章
结构体与共用体

C 语言中除了有整型、字符型、浮点型等基本数据类型外，用户还可以构造数据类型。构造的数据类型主要有结构体和共用体，其中结构体是将各种不同的数据类型集合在一起，用于表示复杂的数据对象；共用体是指将不同的数据项存放于同一内存单元的一种构造数据类型。本章主要介绍结构体和共用体的定义和应用以及类型定义符 typedef，使读者掌握结构体类型、结构体变量的定义和引用、共用体类型、共用体变量的定义和引用，并了解 typedef 的使用方法。

10.1 结构体类型

在第 2 章已经介绍了基本类型的变量，如整型、字符型、浮点型，这些变量只能存放一条数据，在第 6 章介绍了数组，虽然数组能够存放多条数据，但是只能是同种类型的数据。在实际问题中，只有这些数据类型是不够的。有时需要将不同类型的数据组合成一个有机的整体，以便于引用。这些组合在一个整体中的数据是互相关联的，如一个学生的学号、姓名、性别、年龄、院系、联系电话等项，这些项都与某一学生相关联，但数据类型又不相同，C 语言允许用户按自己的需要将不同的基本类型构造成一种特殊类型，即结构体。学生结构体如图 10-1 所示。

学号	姓名	性别	出生年月			院系	联系电话
			年	月	日		
字符数组	字符数组	字符	整型	整型	整型	字符数组	字符数组

图 10-1　学生结构体示例

从图 10-1 中可以看到，结构体是一种构造而成的数据类型，其中出生年月又是一个结构体。C 语言没有提供现成的结构体数据类型，因此在使用之前必须先定义这种数据类型。

10.1.1 结构体的定义

在定义结构体变量之前，首先要定义结构体类型，定义结构体的一般形式如下：

```
struct 结构体名
```

```
{
    数据类型名  成员名 1;
    数据类型名  成员名 2;
    …
    数据类型名  成员名 n;
};
```

说明：

① struct 表示要定义的是一个结构体，结构体名由用户命名，要符合标识符的命名规则。

② 花括号内是结构体的成员定义，由这些成员构成了结构体，成员名的命名也要符合标识符的命名规则。

③ 需要注意的是，花括号外面的分号不能省略，它表示结构体定义的结束。

例如，定义一个表示日期的结构体类型：

```
struct date
{
    int year;
    int month;
    int day;
};
```

再定义一个学生结构体类型，用于描述学生的学号、姓名、性别、出生年月、院系和联系电话：

```
struct student
{
    char sno[10];
    char name[20];
    char sex;
    struct date birthday;
    char[20] faculty;
    char[16] phone;
};
```

定义的 student 结构体由 6 个成员组成，其中第 4 个 birthday 是结构体类型 struct date，也就是说结构体类型的成员也可以是结构体类型，从而形成了结构体类型的嵌套定义形式。

10.1.2 结构体变量的定义

当定义了结构体之后，就可以定义结构体变量了。定义结构体变量有如下 3 种形式：

① 先定义结构体，再定义结构体变量，定义的一般形式如下：

```
struct 结构体名 结构体变量1,结构体变量2,…,结构体变量n;
```

例如：

```
struct date
{
    int year;
    int month;
    int day;
};
struct date birthdate, Cometime;
```

上例中首先定义了一个结构体 date，用来描述日期，然后定义两个 date 型变量 birthdate 和 Cometime，当然也可以定义更多的 date 型变量。

② 定义结构体的同时定义结构体变量，定义的一般形式如下：

```
struct 结构体名
{
    数据类型名 成员名 1;
    数据类型名 成员名 2;
    …
    数据类型名 成员名 n;
}结构体变量 1,结构体变量 2,…,结构体变量 n;
```

例如：

```
struct date
{
    int year;
    int month;
    int day;
}birthdate,Cometime;
```

上例中定义结构体 date 的同时定义了两个 date 型变量 birthdate 和 Cometime。

③ 直接定义结构体变量，定义的一般形式如下：

```
struct
{
    数据类型名 成员名 1;
    数据类型名 成员名 2;
    …
    数据类型名 成员名 n;
}结构体变量 1,结构体变量 2,…,结构体变量 n;
```

例如：

```
struct
{
    int year;
    int month;
    int day;
}birthdate,Cometime;
```

上例中直接定义了两个结构体变量 birthdate 和 Cometime，需要注意的是上例中没有定义结构体。

10.1.3　结构体变量的初始化

同普通变量一样，结构体变量可以在定义时进行初始化，也可以定义之后再赋值。

（1）定义时初始化

在定义结构体变量的同时给变量的成员赋值，例如：

```
struct date
{
    int year;
    int month;
    int day;
```

```
}birthdate={2018,1,1};
```

在上例中定义了一个结构体 date 和一个结构体变量 birthdate，并给 birthdate 的各成员赋了初值。

注意一定不能写成以下形式：

```
struct date
{
    int year=2018;
    int month=1;
    int day=1;
}birthdate;
```

（2）普通赋值方式

普通赋值方式是指定义结构体变量之后给结构体变量的成员赋值，例如：

```
struct date
{
    int year;
    int month;
    int day;
}birthdate;
birthdate.year=2018;
birthdate.month=1;
birthdate.day=1;
```

注意不允许直接对结构体变量赋值，如下赋值方式是错误的：

```
birthdate={2018,1,1};
```

10.1.4 结构体变量的引用

定义了结构体变量之后，就可以引用结构体变量的成员了。对结构体变量的引用通常用引用结构体变量成员来实现，结构体变量成员的引用形式有如下 3 种：

（1）结构体变量名.成员名

例如，引用 birthdate 变量中的成员 year，并为其赋初值的形式为：

```
birthdate.year=2018;
```

其中"."是成员运算符，在所有运算符中优先级最高。

（2）结构体指针变量名->成员名

例如，有如下代码：

```
struct date
{
    int year=2018;
    int month=1;
    int day=1;
}birthdate,*p=&birthdate;
```

引用 birthdate 变量中的成员 year，并为其赋初值的形式为：

```
p->year=2018;
```

其中"->"是指针运算符。

（3）(*结构体指针变量名).成员名

例如，有如下代码：

```
struct date
{
    int year=2018;
    int month=1;
    int day=1;
}birthdate,*p=&birthdate;
```

引用 birthdate 变量中的成员 year，并为其赋初值的形式为：

```
(*p).year=2018;
```

如果一个结构体类型中含有结构体类型的成员，则在访问该成员时，应采取逐级访问的方法。

例如，首先定义一个表示日期的结构体类型：

```
struct date
{
    int year;
    int month;
    int day;
};
```

再定义一个学生结构体类型，用于描述学生的学号、姓名、性别、出生年月、院系和联系电话，定义学生结构体的同时还定义了一个结构体变量 stu1：

```
struct student
{
    char sno[10];
    char name[20];
    char sex;
    struct date birthday;
    char[20] faculty;
    char[16] phone;
}stu1;
```

现在要访问结构体变量 stu1 中的出生年份，并赋初值为 2020，可以采取以下形式：

```
stu1.birthday.year=2020;
```

【例 10.1】定义学生结构体变量，对其赋值，并输出显示。

```
#include <stdio.h>
struct date
{
    int year;
    int month;
    int day;
};
struct student
{
    char sno[10];
    char name[20];
    char sex[4];
    struct date birthday;
```

ᐧ
C语言程序设计教程

```
};
void main()
{
    struct student stu1,stu2;
    printf("请输入一位同学的学号:");
    scanf("%s" ,stu1.sno);
    printf("请输入一位同学的姓名:");
    scanf("%s",stu1.name);
    printf("请输入一位同学的性别:");
    scanf("%s",stu1.sex);
    printf("请输入一位同学的出生年份、月份和日期:");
    scanf("%d%d%d",&stu1.birthday.year,&stu1.birthday.month,&stu1.
    birthday.day);
    stu2=stu1;
    printf("学号:%s\n 姓名:%s\n",stu2.sno,stu2.name);
    printf("性别:%s\n",stu2.sex);
    printf("出生日期:%d/%d/%d\n",stu2.birthday.year,stu2.birthday.month,
    stu2.birthday.day);
}
```

【运行结果】

请输入一位同学的学号:95001
请输入一位同学的姓名:张飒
请输入一位同学的性别:女
请输入一位同学的出生年份、月份和日期:2002 2 2
学号:95001
姓名:张飒
性别:女
出生日期:2002/2/2

【程序说明】

① 程序定义了一个嵌套的结构体类型，并定义了两个结构体变量 stu1、stu2。

② 通过键盘输入 stu1 中各成员的值，然后将 stu1 赋值给 stu2。需要注意的是，两个相同类型的结构体变量之间可以直接相互赋值，与普通变量相互赋值的方式相同。

 ## 10.2　结构体数组

一个结构体变量只能存放一个对象的数据，当需要存放多个相同类型对象的时候，定义多个结构体变量是非常烦琐的，这时，可以用结构体数组存放多个相同类型的对象。结构体数组与普通数组的区别在于，结构体数组中的每一个元素都是一个结构体变量。

10.2.1　结构体数组的定义

定义结构体数组与定义结构体变量的方式类似，也有如下 3 种形式：

① 先定义结构体，再定义结构体数组，定义的一般形式如下：

struct 结构体名 结构体数组名[n];

其中 n 表示结构体数组中的元素个数。例如：

```
struct student
{
    char sno[10];
    char name[20];
    char sex[4];
    struct date birthday;
};
struct student stu[40];
```

上例中首先定义一个结构体 student，然后定义结构体数组 stu，该数组中最多有 40 个元素。

② 定义结构体的同时定义结构体数组，定义的一般形式如下：

```
struct 结构体名
{
    数据类型名 成员名1；
    数据类型名 成员名2；
    …
    数据类型名 成员名n；
}结构体数组名[n]；
```

例如：

```
struct student
{
    char sno[10];
    char name[20];
    char sex[4];
    struct date birthday;
}stu[40];
```

上例中定义结构体 student 的同时定义了一个结构体数组 stu，该数组中最多有 40 个元素。

③ 直接定义结构体数组，定义的一般形式如下：

```
struct
{
    数据类型名 成员名1；
    数据类型名 成员名2；
    …
    数据类型名 成员名n；
}结构体数组名[n]；
```

例如：

```
struct
{
    char sno[10];
    char name[20];
    char sex[4];
    struct date birthday;
}stu[40];
```

上例中直接定义了一个结构体数组 stu，该数组中最多有 40 个元素，需要注意的是上例中没有定义结构体。

10.2.2 结构体数组的初始化

同结构体变量一样，结构体数组可以在定义时进行初始化，初始化形式有如下两种。

① 定义结构体的同时定义结构体数组并初始化，例如：

```
struct student
{
    char sno[10];
    char name[20];
    char sex[4];
    struct date birthday;
}stu[2]={{"95001","李文龙","男",2020,2,2},{"95002","王红英","女",2018,2,6}};
```

在上例中定义了一个结构体 student 和一个结构体数组 stu，并给数组 stu 赋了初值。

② 定义结构体之后，再定义结构体数组同时初始化，例如：

```
struct student
{
    char sno[10];
    char name[20];
    char sex[4];
    struct date birthday;
};
struct student stu[2] ={{"95001","李文龙","男",2020,2,2},{"95002","王红英
","女",2018,2,6}};
```

10.2.3 结构体数组的应用

下面举一个例子来说明结构体数组的应用。

【例 10.2】定义并初始化一个学生结构体数组，统计所有学生的平均成绩，并将低于平均成绩的学生的学号、姓名和成绩输出显示。

```
#include <stdio.h>
struct student
{
    char sno[10];
    char name[20];
    char sex[4];
    int score;
}stu[5]={
        {"95001","李文龙","男",90},
        {"95002","王红英","女",80},
        {"95003","李华山","男",75},
        {"95004","张二妹","女",66},
        {"95005","赵美玲","女",50}
        };
void main()
{
    float avescore;
    int i,sum=0;
    for(i=0;i<5;i++)
        sum+=stu[i].score;
```

```
    avescore=(float)sum/5;
    printf("avescore=%.2f\n",avescore);
    printf("低于平均成绩的学生信息如下:\n");
    for(i=0;i<5;i++)
        if(stu[i].score<avescore)
            printf("%s,%s,%d\n",stu[i].sno,stu[i].name,stu[i].score);
}
```

【运行结果】

```
avescore=70.20
低于平均成绩的学生信息如下:
95004,张二妹,66
95005,赵美玲,50
```

【程序说明】

① 程序中定义了一个全局的结构体数组 stu，它有 5 个元素，每个元素都包含一个成员 score，score 表示学生的成绩。

② 在主函数中 avescore 用来存放平均成绩，sum 用来统计成绩总和，利用 for 循环求出 5 个学生的成绩总和，然后再求出平均成绩。

③ 最后将 5 名学生的成绩逐个与平均成绩进行比较，把低于平均成绩的学生信息输出。

10.3　指向结构体的指针

程序运行时，结构体被调入内存，即每个结构体变量和结构体数组在内存单元中都有自己的地址。指针变量可以指向普通变量，也可以指向结构体变量和结构体数组。指向结构体变量或结构体数组的指针称为结构体指针。一个结构体变量的指针就是系统为该变量分配的内存的起始地址。

10.3.1　指向结构体变量的指针

定义指向结构体变量的指针的一般形式如下：

struct 结构体名 *结构体指针变量名;

例如，首先定义一个结构体类型 student 形式如下：

```
struct student
{
    char sno[10];
    char name[20];
    char sex[4];
    int score;
};
```

然后定义指向 student 结构体的指针变量 p，形式如下：

struct student *p;

通过结构体指针变量访问结构体成员的一般形式如下：

(*结构体指针变量名).成员名

或：

结构体指针变量名->成员名

下面通过一个例子介绍指向结构体变量的指针的应用。

【例10.3】定义一个结构体变量 stu，同时定义一个结构体指针变量*p，通过指针 p 访问 stu 中的数据。

```
#include <stdio.h>
struct student
{
    char sno[10];
    char name[20];
    char sex[4];
    int score;
};
void main()
{
    struct student stu={"95001","李文龙","男",90},*p;
    p=&stu;
    printf("通过形式: (*结构体指针变量名).成员名 输出变量的信息如下:\n");
    printf("学号: %s\n 姓名: %s\n 性别: %s\n 成绩: %d\n",(*p).sno,(*p).
    name,(*p).sex,(*p).score);
    printf("通过形式: 结构体指针变量名->成员名 输出变量的信息如下:\n");
    printf("学号: %s\n 姓名: %s\n 性别: %s\n 成绩: %d",p->sno,p->name,
    p->sex,p->score);
}
```

【运行结果】

通过形式: (*结构体指针变量名).成员名 输出变量的信息如下:
学号: 95001
姓名: 李文龙
性别: 男
成绩: 90
通过形式: 结构体指针变量名->成员名 输出变量的信息如下:
学号: 95001
姓名: 李文龙
性别: 男
成绩: 90

【程序说明】

① 程序中定义了一个结构体类型 student，在主函数中定义并初始化了 student 型的结构体变量 stu，同时定义了一指向结构体变量的指针，该结构体指针指向变量 stu。

② 最后通过 "(*结构体指针变量名).成员名" 和 "结构体指针变量名->成员名" 的形式将结构体变量 stu 中的数据输出显示。

需要注意的是，在变量 stu 初始化时，还可以用另一种形式，如例10.4。

【例10.4】定义一个结构体变量 stu，同时定义一个结构体指针变量*p，通过指针 p 访问 stu 中的数据。

```
#include <stdio.h>
#include <string.h>
struct student
{
```

```
    char sno[10];
    char name[20];
    char sex[4];
    int score;
};
void main()
{
    struct student stu,*p;
    p=&stu;
    strcpy(stu.sno,"95001");
    strcpy(stu.name,"李文龙");
    strcpy(stu.sex,"男");
    stu.score=90;
    printf("通过形式: (*结构体指针变量名).成员名 输出变量的信息如下:\n");
    printf("学号: %s\n 姓名: %s\n 性别: %s\n 成绩: %d",(*p).sno,(*p).name,
    (*p).sex,(*p).score);
    printf("通过形式: 结构体指针变量名->成员名 输出变量的信息如下:\n");
    printf("学号: %s\n 姓名: %s\n 性别: %s\n 成绩: %d",p->sno,p->name,p->sex,
    p->score);
}
```

【运行结果】

通过形式: (*结构体指针变量名).成员名 输出变量的信息如下:
学号: 95001
姓名: 李文龙
性别: 男
成绩: 90 通过形式: 结构体指针变量名->成员名 输出变量的信息如下:
学号: 95001
姓名: 李文龙
性别: 男
成绩: 90

【程序说明】

① 本例题与例 10.3 的区别是，结构体变量的赋值方式不同。程序中首先定义了结构体变量，然后对它的成员赋初值。

② 需要注意的是，在对字符数组赋初值时，用到了字符串处理函数 strcpy，而不能直接写 stu.sno="95001";。

10.3.2　指向结构体数组的指针

定义指向结构体数组的指针与定义指向结构体变量的指针相同，只是将结构体数组的首地址赋值给指向结构体数组的指针变量，一般形式如下:

```
struct 结构体名 *结构体指针变量名;
```

例如，首先定义一个结构体类型 student 和结构体数组 stu，形式如下:

```
struct student
{
    char sno[10];
    char name[20];
```

```
        char sex[4];
        struct date birthday;
    }stu[2];
```
然后定义指向 student 结构体的指针变量 p，形式如下：
```
    struct student *p;
```
最后将结构体数组 stu 的首地址赋值给变量 p，形式如下：
```
    p=stu;
```
这里结构体数组名代表数组的首地址。

下面通过一个例子介绍指向结构体数组的指针的应用。

【例 10.5】定义一个结构体数组 stu，同时定义一个结构体指针变量*p，通过指针 p 访问数组 stu 中的数据。

```
#include <stdio.h>
struct student
{
    char sno[10];
    char name[20];
    char sex[4];
    int score;
}stu[5]={
        {"95001","李文龙","男",90},
        {"95002","王红英","女",80},
        {"95003","李华山","男",75},
        {"95004","张二妹","女",66},
        {"95005","赵美玲","女",50}
         };
void main()
{
    struct student *p;
    printf("学号\t姓名\t性别\t成绩\n");
    for(p=stu;p<stu+5;p++)
        printf("%s\t%s\t%s\t%d\n",p->sno,p->name,p->sex,p->score);
}
```

【运行结果】

学号	姓名	性别	成绩
95001	李文龙	男	90
95002	王红英	女	80
95003	李华山	男	75
95004	张二妹	女	66
95005	赵美玲	女	50

【程序说明】

① 程序中定义了一个结构体类型 student 和结构体数组 stu，在主函数中定义了一个指向结构体数组 stu 的指针。

② 最后通过"结构体指针变量名–>成员名"的形式将结构体变量 stu 中的数据输出显示。

③ 注意：给变量 p 赋值时，不能写成 p=&stu[0].sno;，不允许将一个成员的地址赋值给指针变量。

④ p=stu 表示将数组首地址赋值给结构体指针变量，如图 10-2 所示。程序每循环一次，都执行一次 p++，也就是指向下一个数组元素的首地址。

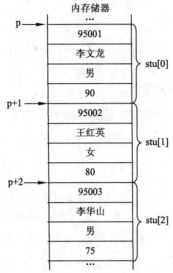

图 10-2 指向结构体数组的指针

10.4 共用体类型

程序设计时，有时需要将几种不同类型的变量存放到同一段内存单元中。例如，可把一个整型变量、一个字符型变量、一个实型变量放在同一个地址开始的内存单元中，如图 10-3 所示。以上 3 个变量在内存中占的字节数不同，但都从同一地址开始（图中设地址为 500）存放，它们的值可以相互覆盖，这种使几个不同类型变量占用同一段内存的结构，称为"共用体"类型的结构。

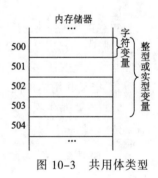

图 10-3 共用体类型

10.4.1 共用体的定义

定义共用体的一般形式如下：

```
union 共用体名
{
    数据类型名 成员名 1;
    数据类型名 成员名 2;
    ...
    数据类型名 成员名 n;
};
```

说明：

① union 表示要定义的是一个共用体，共用体名由用户命名，要符合标识符的命名规则。

② 花括号内是共用体的成员定义，由这些成员构成了共用体，成员名的命名也要符合标识符的命名规则。

③ 需要注意的是，花括号外面的分号不能省略，它表示共用体定义的结束。

例如，定义一个共用体 data：

```
union data
{
    int i;
    char ch;
    float f;
};
```

以上定义的共用体 data 由整型变量 i、字符变量 ch、实型变量 f 这 3 个成员构成，这 3 个成员在内存单元中存放的时候，起始地址是相同的，即某一时刻，在内存中只能存放这 3 个成员中的某一个。

10.4.2 共用体变量的定义

当定义了共用体之后，就可以定义共用体变量了。定义共用体变量有如下 3 种形式：

① 先定义共用体，再定义共用体变量，定义的一般形式如下：

union 共用体名 共用体变量1,共用体变量2,…,共用体变量 n;

例如：

```
union data
{
    int i;
    char ch;
    float f;
};
union data data1,data2;
```

上例中首先定义一个共用体 data,用来描述日期,然后定义两个 data 型变量 data1 和 data2, 当然也可以定义更多的 data 型变量。

② 定义共用体的同时定义共用体变量，定义的一般形式如下：

```
union 共用体名
{
    数据类型名 成员名 1;
    数据类型名 成员名 2;
    …
    数据类型名 成员名 n;
}共用体变量 1,共用体变量 2,…,共用体变量 n;
```

例如：

```
union data
{
    int i;
    char ch;
    float f;
}data1,data2;
```

上例中定义共用体 data 的同时定义了两个 data 型变量 data1 和 data2。

③ 直接定义共用体变量，定义的一般形式如下：

```
union
{
    数据类型名 成员名 1;
```

```
            数据类型名  成员名 2;
            …
            数据类型名  成员名 n;
}共用体变量 1,共用体变量 2,…,共用体变量 n;
```

例如：

```
union
{
    int i;
    char ch;
    float f;
}data1,data2;
```

上例中直接定义了两个共用体变量 data1 和 data2,需要注意的是上例中没有定义共用体。共用体变量和结构体变量的定义形式很相似，但它们是有区别的：

① 结构体变量所占内存长度是各成员所占内存长度之和。每个成员分别占有其自己的内存单元。

② 共用体变量所占的内存长度等于最长的成员的长度。

10.4.3　共用体变量的初始化与引用

定义了共用体变量之后就可以引用共用体变量的成员了。对共用体变量的引用通常通过引用共用体变量成员来实现，注意不能引用共用体变量。共用体变量成员的引用形式有如下两种：

（1）共用体变量名.成员名

例如，引用 data1 变量中的成员 i，并为其赋初值的形式为：

```
data1.i=2018;
```

其中“.”是成员运算符，在所有运算符中优先级最高。

（2）共用体指针变量名->成员名

例如，

```
union
{
    int i;
    char ch;
    float f;
}data1,*p=&data1;
```

引用 data1 变量中的成员 ch，并为其赋初值的形式为：

```
p->ch='M';
```

ℹ️注意

data1->ch 是不对的，其中“->”是指针运算符。

【例 10.6】定义共用体变量，对其成员赋值，并输出显示。

```
#include <stdio.h>
union data
{
```

```
    int i;
    char ch;
}data1,*p;
void main()
{
    data1.i=65;
    p=&data1;
    printf("利用 共用体变量名.成员名 形式输出结果如下: \n");
    printf("%d,%c\n",data1.i,data1.ch);
    printf("利用 共用体指针变量名->成员 形式输出结果如下: \n");
    printf("%d,%c\n",p->i,p->ch);
}
```

【运行结果】

利用 共用体变量名.成员名 形式输出结果如下:

65,A

利用 共用体指针变量名->成员 形式输出结果如下:

65,A

【程序说明】

① 程序中定义了一个共用体类型 data，并定义了该类型的变量 data1 和指针变量 p，其中指针变量 p 指向共用体变量 data1。

② 可以利用成员运算符 "."和指针运算符 "->"两种访问方式进行共用体成员值的访问和输出。

【例 10.7】有若干人员的数据，其中学生数据包含学号、姓名、性别、职业和班级，教师数据包含工号、姓名、性别、职业和部门。要求将学生和教师的数据放在同一表格中。如果职业的值为学生，那么第 5 项就是班级，如果职业的值为教师，那么第 5 项就是部门。要求输入人员数据，然后输出显示。

【程序分析】人员数据用结构体实现，第 5 项用共用体实现，即将班级和部门放在同一段内存中。

```
#include <stdio.h>
#include <string.h>
struct
{
    int num;
    char name[10];
    char sex[4];
    char job[10];
    union
    {
        int classname;
        char department[10];
    }depa;
}person[2];
void main()
{
    int i;
    for(i=0;i<2;i++)
```

```
{
    printf("请输入编号、姓名、性别、职业(数据之间用空格隔开):\n");
    scanf("%d %s %s %s",&person[i].num,person[i].name,person[i].sex,
    person[i].job);
    if(strcmp(person[i].job,"学生")==0)
    {
        printf("请输入学生的班级: ");
        scanf("%d",&person[i].depa.classname);
    }
    else if(strcmp(person[i].job,"教师")==0)
    {
        printf("请输入教师的部门: ");
        scanf("%s",&person[i].depa.department);
    }
    else
        printf("请输入正确的职业! ");
}
printf("表中的数据如下所示: \n");
printf("编号\t\t 姓名\t\t 性别\t\t 职业\t\t 班级或部门\n");
for(i=0;i<2;i++)
{
    if(strcmp(person[i].job,"学生")==0)
        printf("%d\t\t%s\t\t%s\t\t%s\t\t%d\n",person[i].num,person[i].
        name,person[i].sex,person[i].job,person[i].depa.classname);
    else
    printf("%d\t\t%s\t\t%s\t\t%s\n",person[i].num,person[i].name,
    person[i].sex,person[i].job,person[i].depa.department);
}
}
```

【运行结果】

请输入编号、姓名、性别、职业(数据之间用空格隔开):
95001 张天华 男 学生
请输入学生的班级: 1901
请输入编号、姓名、性别、职业(数据之间用空格隔开):
04006 李阿红 女 教师
请输入教师的部门: 工程
表中的数据如下所示:

编号	姓名	性别	职业	班级或部门
95001	张天华	男	学生	1901
4006	李阿红	女	教师	工程

【程序说明】

① 程序中定义了一个结构体数组 person 来存放人员数据，该结构体有 5 个成员，其中第 5 个成员 depa 是一个共用体类型，该共用体由整型变量 classname 和字符数组 department 两个成员构成。

② 在主程序中，循环输入表中数据，首先输入 num、name、sex 和 job 前 4 个成员的信息，然后判断 job 成员的值，如果 job 的值为学生，则对共用体中的成员 classname 输入，如果 job 的值为教师，则对共用体中的成员 department 输入。

③ 注意用 scanf 语句进行输入时，person[i].name、person[i].sex 和 person[i].job 三个字符数组前面不能加 "&" 运算符。

④ 判断 job 成员值时，不能用 if(person[i].job=="学生")，而应该用字符串比较函数 strcmp。

10.5　类型定义符 typedef

C 语言中除了有 int、char、float 等标准数据类型和自己声明的结构体、共用体等构造数据类型外，还可以使用类型定义符 typedef 声明新的类型名代替已有的类型名。

利用 typedef 声明新的类型名的一般形式如下：

```
typedef 已有类型名 新类型名;
```

作用：给已有的类型取一个新名字。例如：

```
typedef int INTEGER;
typedef char CHAR;
```

在上例中，指定用 INTEGER 代表 int 类型，CHAR 代表 char 类型，声明之后，可以以如下方式定义变量：

```
INTEGER i,j;                //等价于 int i,j;
CHAR sex,name[10];          //等价于 char sex,name[10];
```

通常利用 typedef 的功能来简化构造类型的类型名。例如：

若有结构体 date 如下所示：

```
struct date
{
    int year;
    int month;
    int day;
};
```

定义学生出生日期变量 birthday 时，需要按以下形式定义：

```
struct date birthday;
```

如果声明一个新类型 DATE，用来表示上面的结构体类型 date，声明形式如下：

```
typedef struct
{
    int year;
    int month;
    int day;
}DATE;
```

声明之后，定义学生出生日期变量 birthday 的形式如下：

```
DATE birthday;
```

在应用 typedef 声明新数据类型时需要注意以下几点：

① typedef 声明的类型名一般用大写字母表示，用于和系统提供的标准类型名相区别。

② 用 typedef 可以声明各种类型名，但不能用来定义变量。

③ 用 typedef 只是对已经存在的数据类型起一个别名，而没有创造新的数据类型。

④ 注意 typedef 和#define 是有区别的。虽然两者都是代替的作用，但实质不同：#define 是宏定义，只是简单的字符串替换，而且是在预编译时处理的；而 typedef 是给已有的数据类

型取个别名，是在编译时处理的，完全可以替换掉原来的类型名。

例如有如下声明：

```
typedef (int *) PINT;
#define PINT2 int *;
```

接下来要定义变量 a、b 形式如下：

```
PINT a,b;
PINT2 a,b;
```

以上两行代码的效果是完全不同的：

PINT a,b; 等价于 int *a,*b;表示定义了两个整型指针变量。

PINT2 a,b;等价于 int *a,b;表示定义了一个整型指针变量和一个整型变量。

⑤ 使用 typedef 有利于程序的通用和移植。

例如，有的计算机系统 int 型数据占用 2 字节，而有的计算机系统 int 型数据占用 4 字节。如果把一个 C 程序从一个以 4 字节存放整数的计算机系统移植到以 2 字节存放整数的系统，按一般办法需要将定义变量中的每个 int 改为 long。例如，将"int a,b,c;"改为"long a,b,c;"，如果程序中有多处用 int 定义变量，则要改动多处。

现可以用一个 INTEGER 来声明 int:

```
typedef int INTEGER;
```

在程序中所有整型变量都用 INTEGER 定义。在移植时只需改动 typedef 定义体即可：

```
typedef long INTEGER;
```

习　题　十

1. 选择题

（1）把属于不同类型的数据作为一个整体来处理时，常用下面哪类数据（　　　）？

　　A. 数组　　　　　　B. 结构体　　　　　　C. 指针　　　　　　D. 共用体

（2）设有以下说明语句：

```
struct ex
{
    int x;
    float y;
    char z;
}example;
```

则下面的叙述中不正确的是（　　　）。

　　A. struct 是结构体类型的关键字　　　　　B. example 是结构体类型名

　　C. x、y、z 都是结构体成员名　　　　　　D. struct ex 是结构体类型

（3）在声明一个结构体变量时，系统分配给它的内存大小是（　　　）。

　　A. 各成员占用内存量的总和

　　B. 结构体中第一个成员占用的内存量

　　C. 成员中占内存量最大者占用的内存量

　　D. 结构体中最后一个成员占用的内存量

（4）在声明一个共用体变量时，系统分配给它的内存大小是（　　　）。

    A．各成员占用内存量的总和

    B．共用体中第一个成员占用的内存量

    C．成员中占内存量最大者占用的内存量

    D．共用体中最后一个成员占用的内存量

（5）有如下代码：

```
struct date
{
    int year=2018;
    int month=1;
    int day=1;
}birthdate,*p=&birthdate;
```

则以下引用方式中不正确的是（　　　）。

    A．birthdate.year   B．birthdate->year

    C．p->year   D．(*p).year

（6）若有以下说明和定义：

```
struct person
{
    char name[20];
    int age;
    char sex;
}pa={"zhanghuahua",10,'m'),*p=&pa;
```

则不能对字符串 zhanghuahua 进行引用的方式是（　　　）。

    A．(*p).name;   B．p.name;

    C．pa.name;   D．p->name;

（7）若有以下说明和定义：

```
struct student
{
    int a;
    int b[2];
}a;
```

叙述不正确的是（　　　）。

    A．允许结构体变量a和结构体成员a同名

    B．程序运行时将为结构体 student 分配 6 字节内存单元

    C．程序运行时不为结构体 student 分配内存单元

    D．程序运行时将为结构体变量 a 分配 6 字节内存单元

（8）设有以下定义：

```
union data
{
    int d1;
    float d2;
}demo;
```

则下面叙述中错误的是（　　　）。

A. 变量 demo 与成员 d2 所占的内存字节数相同

B. 变量 demo 中各成员的地址相同

C. 变量 demo 和各成员的地址相同

D. 若给 demo.d1 赋值 9 后，demo.d2 中的值是 9.0

（9）若有以下定义和语句：

```
union data
{
    int i;
    char c;
    float f;
}x;
int y;
```

则以下语句正确的是（　　　　）。

A. x=10.5;

B. x.c=101;

C. y=x;

D. printf"%d\ n",x);

（10）typedef int INTEGER 的作用是（　　　　）。

A. 建立一个新的数据类型

B. 定义一个整型变量

C. 定义一个新的数据类型标识符

D. 语法错误

2．编程题

（1）定义一个结构体变量（包括年、月、日）。计算某日在本年中是第几天，注意闰年的情况。

（2）有 5 个学生，每个学生包括学号（mum）、姓名（name[10]）、性别（sex）、年龄（age）和 3 门课程的成绩（score[3]），要求在主函数中输入这 5 个学生的数据，并对每个学生调用函数 count 计算总分和平均分，然后在主函数中输出所有各项数据。

（3）将上一题改用指针方法处理，即用指针变量逐次指向数组中各元素，输入每个学生的数据，然后用指针变量作为函数参数将地址值传给 count 函数，在 count 函数中做统计，最后将数据返回主函数中并输出。

（4）某单位进行选举，有 5 位候选人：zhang、wang、li、zhao、liu。编写一个统计每人得票数的程序。要求每个人的信息使用一个结构体表示，5 个人的信息使用结构体数组存储。

第 **11** 章

位 运 算

位运算是 C 语言相比其他高级语言的一个特色，通过位运算可以实现许多汇编语言才能实现的功能。在 C 语言中，位运算是对以二进制位（bit）为单位的操作数进行的运算，位运算包括逻辑位运算和移位位运算。本章通过介绍位运算符和位运算操作使读者了解位运算的应用，并掌握位运算的程序设计。

 11.1 位 运 算 符

C 语言的位运算符分为两类，只有一个操作数的单目运算符和有左、右两个操作数的双目运算符，程序设计中常见的位运算符有 6 种，如表 11-1 所示。

表 11-1 C 语言中的位运算符

位运算符种类	运 算 符	含 义	应用形式	运 算 功 能	优先级
逻辑位运算符	~	按位取反	~a	a 按位取反	14
	&	按位与	a&b	a 与 b 按位与	8
	|	按位或	a|b	a 与 b 按位或	6
	^	按位异或	a^b	a 与 b 按位异或	7
移位位运算符	<<	按位左移	a<<2	a 左移 2 位	11
	>>	按位右移	b>>3	b 右移 3 位	11

注：表 11-1 中只有按位取反运算符 "~" 属于单目运算符，其余均为双目运算符。为简便起见，下面章节内容描述中，将整型变量（int 型和 unsigned int 型）设为 2 字节，关于 4 字节的整型变量，其计算方法相同。

 11.2 常用位运算

位运算只能用于整型操作数，操作数的数据类型有 char、short、int、long 以及无符号的 unsigned char、unsigned short、unsigned int、unsigned long 类型。通常情况下，位运算的操作作用于 unsigned 类型的整数。

逻辑位运算有 4 种：按位取反、按位与、按位或和按位异或。移位位运算有两种：按位左移和按位右移。

11.2.1　按位取反运算

按位取反是一个单目运算符，用来对二进制的每一位取反，即将 1 变成 0，将 0 变成 1。例如下面的语句：

```
int i=86
printf("~i=%d\n",~i);
```

语句执行结果为：

```
~i=-87
```

具体演算过程如下：

i 的值$(86)_{10}$=$(0000000001010110)_2$

按位取反后~i 的值$(~86)_{10}$=$(1111111110101001)_2$

按位取反后，最高位为 1，表示为负数。计算机中负数是以补码的形式存放的，$(1111111110101001)_2$的补码为它的真值。

$$(1111111110101001)|_{补码}=(1111111110101001)|_{反码}+1$$
$$=(1000000001010110)_2+1$$
$$=(1000000001010111)_2$$
$$=(-87)_{10}$$

所以当 int i=86 时，~i= $(1000000001010111)_2$ =$(-87)_{10}$。

例如下面的语句：

```
unsigned int i=86
printf("~i=%u\n",~i);
```

语句执行结果为：

```
~i=-65449
```

具体演算过程如下：

i 的值$(86)_{10}$=$(0000000001010110)_2$

按位取反后~i 的值$(~86)_{10}$=$(1111111110101001)_2$

因为 i 为无符号型，所以~i 的值就是按位取反后的值为：

$(~i)$= $(1111111110101001)_2$=$(65449)_2$

【例 11.1】阅读以下程序，了解不同类型的变量进行按位取反运算的规则。

```
#include <stdio.h>
#include <stdlib.h>
#include <conio.h>
void main()
{
    int a=100,b=-100,c=32767,d=-32767;
    unsigned int e=100,f=0,g=65535;
    printf("a=%d,~a=%d\n",a,~a);
    printf("b=%d,~b=%d\n",b,~b);
    printf("c=%d,~c=%d\n",c,~c);
    printf("d=%d,~d=%d\n",d,~d);
```

```
      printf("e=%u,~e=%u\n",e,~e);
      printf("f=%u,~f=%u\n",f,~f);
      printf("g=%u,~g=%u\n",g,~g);
}
```

【运行结果】

```
a=100,~a=-101
b=-100,~b=99
c=32767,~c=-32768
d=-32767,~d=32766
e=100,~e=4294967195
f=0,~f=4294967295
g=65535,~g=4294901760
```

【程序说明】 定义整型变量 a、b、c、d 和无符号整型变量 e、f、g，输出变量及按位取反运算后的变量值。注意观察边界值及负数取反运算的结果。

11.2.2 按位与运算

按位与运算的运算规则是：当两个操作对象二进制数的相同位都为 1 时，结果数值的相应位为 1，否则相应位为 0。其计算结果如表 11-2 所示。

表 11-2　按位与运算的结果

位 1	位 2	表 达 式	运 算 结 果
0	0	0&0	0
0	1	0&1	0
1	0	1&0	0
1	1	1&1	1

例如，对于如下语句：

```
unsigned int a=146,b=222;
printf("a&b=%u\n",a&b);
```

语句执行结果为：

```
a&b=146
```

具体演算过程如下：

$a=(146)_{10}=(0000000010010010)_2$，$b=(222)_{10}=(0000000011011110)_2$

```
          0000000010010010
   &      0000000011011110
   a&b=   0000000010010010
```

所以 $a\&b=(0000000010010010)_2 =(146)_{10}$

如果将 b 的值取为负值，int a=146，b=-222，则 a&b 的结果为 2。具体演算过程如下：

b|原码$=(-222)_{10}=(1000000011011110)_2$，b|反码$=(1111111100100001)_2$

b|补码=b|反码$+1=(1111111100100001)_2+1=(1111111100100010)_2$

那么 a&b 就成为：

```
         0000000010010010
&        1111111100100010
a&b=     0000000000000010
```

所以 a&b=(0000000000000010)$_2$=(2)$_{10}$。

可见，按位与运算其结果不容易直接判断出来，因此在程序设计中不能随意地对两个变量进行与运算。但是利用位运算的特点（与 1 按位与运算，原数不变，与零按位与运算，原数变零）可以实现清零、屏蔽等一些特殊的操作。

【例 11.2】编写程序，从键盘输入一个 unsigned 整型数，将数据低位字节的值取出并输出。

```
#include <stdio.h>
void main()
{
    unsigned int a,b=255,c;
    printf("请输入变量 a 的值: ");
    scanf("%u",&a);
    c=a&b;
    printf("%u&%u=%u\n",a,b,c);
}
```

【运行结果】

```
请输入变量 a 的值: 1689
1689&255=153
```

【程序说明】定义无符号整型变量 a、b、c，键盘输入变量 a 的值，将变量 a 和 b 按位与运算后的结果赋值给变量 c，输出变量 a、b、c 的值。变量 b 的值取 255，其二进制形式为 (0000000011111111)$_2$，变量 b 与变量 a 按位与运算后，可以屏蔽掉变量 a 高位字节的值，同时将变量 a 低位字节的值取出来，转换成二进制后结果为 153。

11.2.3　按位或运算

按位或运算的运算规则为：当两个操作对象二进制数的相同位都为 0 时，结果数值的相应位为 0，否则相应位为 1。其计算结果如表 11-3 所示。

表 11-3　按位或运算的结果

位 1	位 2	表达式	运算结果
0	0	0|0	0
0	1	0|1	1
1	0	1|0	1
1	1	1|1	1

例如，对于如下语句：

```
unsigned int a=146,b=222;
printf("a|b=%u\n",a|b);
```

语句执行结果为：

```
a|b=222
```

具体演算过程如下：

a=$(146)_{10}$=$(0000000010010010)_2$，b=$(222)_{10}$=$(0000000011011110)_2$

$$\begin{array}{r} 0000000010010010 \\ |\quad 0000000011011110 \\ \hline a|b=\ 0000000011011110 \end{array}$$

所以 a|b=$(0000000011011110)_2$=$(222)_{10}$

如果将 b 的值取为负值，int a=146，b=−222，则 a|b 的结果为−78。具体演算过程如下：

b|原码=$(-222)_{10}$=$(1000000011011110)_2$，b|反码=$(1111111100100001)_2$

b|补码=b|反码+1=$(1111111100100001)_2$+1=$(1111111100100010)_2$

那么 a|b 就成为：

$$\begin{array}{r} 0000000010010010 \\ |\quad 1111111100100010 \\ \hline a|b=\ 1111111110110010 \end{array}$$

这时，最高位为 1，表示按位或运算后为负数，负数以补码的形式存放，因此
$(1111111110110010)_2$的补码为它的真值。

$$(1111111110110010)|补码=(1111111110110010)|反码+1$$
$$=(1000000001001101)_2+1$$
$$=(1000000001001110)_2$$
$$=(-78)_{10}$$

所以当 int a=146，b=−222 时，a|b=$(1000000001001110)_2$ =$(-78)_{10}$。

从以上运算结果可知，按位或运算的特点是任何二进制数（0 或 1）与 0 相"或"时，其值保持不变，与 1 相"或"时，其值为 1。同按位与运算一样，按位或运算的结果也不容易直接判断出来，但在程序设计中可以根据或运算的特点实现一些特殊的操作，比如将某个数据指定二进制位全部改成 1。

【例 11.3】编写程序，从键盘输入一个 unsigned 整型数，将数据低字节的值改为 1。

```c
#include <stdio.h>
void main()
{
    unsigned int a,b=225,c;
    printf("请输入变量 a 的值: ");
    scanf("%u",&a);
    c=a|b;
    printf("%u|%u=%u\n",a,b,c);
}
```

【运行结果】

请输入变量 a 的值: 1689
1689|255=1791

【程序说明】定义无符号整型变量 a、b、c，键盘输入变量 a 的值，将变量 a 和 b 按位或运算后的结果赋值给变量 c，输出变量 a、b、c 的值。变量 b 的值取 255，其二进制形式为
（0000000011111111）$_2$，变量 b 与变量 a 按位或运算后，可以将变量 a 低位字节的值都变为 1，而高位字节的值保持不变，转换成二进制后结果为 1791。通过按位或运算，可以将指定位的值改为 1。

11.2.4 按位异或运算

按位异或运算的运算规则为：当两个操作对象二进制数的相同位的值相同时，结果数值的相应位为 0，否则相应位为 1。其计算结果如表 11-4 所示。

表 11-4 按位异或运算的结果

位 1	位 2	表 达 式	运 算 结 果
0	0	0^0	0
0	1	0^1	1
1	0	1^0	1
1	1	1^1	0

例如，对于如下语句：

```
unsigned int a=146,b=222;
printf("a^b=%u\n",a^b);
```

语句执行结果为：

a^b=76

具体演算过程如下：

$a=(146)_{10}=(0000000010010010)_2$，$b=(222)_{10}=(0000000011011110)_2$

```
        0000000010010010
^       0000000011011110
a^b=    0000000001001100
```

所以 $a^b=(0000000001001100)_2=(76)_{10}$。

如果将 b 的值取为负值，int a=146，b=-222，则 a^b 的结果为-80。

具体演算过程如下：

$b|原码=(-222)_{10}=(1000000011011110)_2$ $b|反码=(1111111100100001)_2$

$b|补码=b|反码+1=(1111111100100001)_2+1=(1111111100100010)_2$

那么 a^b 就成为：

```
        0000000010010010
^       1111111100100010
a^b=    1111111110110000
```

这时，最高位为 1，表示按位异或运算后为负数，负数以补码的形式存放，因此 $(1111111110110000)_2$ 的补码为它的真值。

$$(1111111110110000)|补码=(1111111110110000)|反码+1$$
$$=(1000000001001111)_2+1$$
$$=(1000000001010000)_2$$
$$=(-80)_{10}$$

所以当 int a=146，b=-222 时，则 $a^b =(1000000001010000)_2 =(-80)_{10}$。

通过以上运算可知，按位异或运算的特点是任何二进制数（0 或 1）与 0 相"异或"时，其值保持不变，与 1 相"异或"时，其值取反。在程序设计中可以根据异或运算的特点实现一些特殊的操作，比如交换变量、将变量指定位的值取反等。

【例 11.4】编写程序，从键盘输入两个整型数，交换两个变量的值。

```
#include <stdio.h>
void main()
{
    int a,b,c;
    printf("请输入变量a,b的值: ");
    scanf("%d%d",&a,&b);
    c=a^b;
    printf("c=%d\n",c);
    a=a^b;
    b=b^a;
    a=a^b;
    printf("a=%d,b=%d\n",a,b);
}
```

【运行结果】

```
请输入变量a,b的值: 168 210
c=122
a=210,b=168
```

【程序说明】定义整型变量 a、b、c，键盘输入变量 a、b 的值，将变量 a、b 按位异或运算后的结果赋值给变量 c，输出变量 c 的值。通过按位异或运算，实现交换变量 a、b 的值，输出变量 a、b 的值。对于变量交换问题，通常使用临时变量，然后进行变量赋值。利用按位异或运算可以不使用临时变量即可交换两个变量的值。

11.2.5 按位左移运算

按位左移运算是把操作对象的二进制数向左移动指定的位，并在右面补上相应的 0，高位溢出则丢弃。左移运算的表达式为：

```
m<<n;
```

即将 m 的二进制位全部左移 n 位，右边空出的位补 0。例如，有如下语句：

```
unsigned int m=75;
printf("m<<2=%u\n",m<<2);
```

该语句执行结果为：

m<<2=300

具体演算过程如下：

m 的值为$(75)_{10}=(0000000001001011)_2$

m<<2=000000000100101100

丢弃 ◄──────────────────►补入

故 m<<2=$(0000000100101100)_2=(300)_{10}$。

例如，对于下面的语句：

```
int m=-75;
printf("m<<1=%u\n",m<<1);
```

该语句执行结果为：

m<<1=-150

具体演算过程如下：

m 的值为$(-75)_{10}=(1000000001001011)_2$，在计算机中负数是对其补码进行运算，故

m|原码$=(-75)_{10}=(1000000001001011)_2$

m|反码$=(1111111110110100)_2$

m|补码$=(1111111110110101)_2$

m|补码<<1=(1 1 1 1 1 1 1 1 0 1 1 0 1 0 1 0)$_2$

符号位保留┘└►丢弃　　　　　　　└►补入

请注意，对于有符号的整型数，按位左移运算，符号位是要保留的，故最后的结果为：

m<<1=$(1111111101101010)_{补码}=(1000000010010110)_2=(-150)_{10}$。

从以上两个例子可知，按位左移运算具有如下特点：

① 左移一位相当于原操作数乘以 2，左移 n 位，相当于操作数乘以 2^n。

② 若 n 为有符号整型变量，语句 n<<14 就将 n 的最低位移到了除符号位以外的最高位，当 n<<15 时，则 n 的最低位左移后溢出。所以，当 n 为偶数时，n<<15=0；当 n 为奇数时，n<<15=-32768（与具体的编译器有关）。

③ 若 n 为无符号整型变量，当 n 为偶数时，n<<15=0；当 n 为奇数时，n<<15=32768。

【例 11.5】阅读以下程序，掌握按位左移运算的规则。

```c
#include <stdio.h>
void main()
{
    int i;
    unsigned int u;
    printf("变量为有符号的整型数: \n");
    i=10<<3;
    printf("10<<3=%d\n",i);
    i=-10<<3;
    printf("-10<<3=%d\n",i);
    i=11<<15;
    printf("11<<15=%d\n",i);
    i=-11<<15;
    printf("-11<<15=%d\n",i);
    i=16<<15;
    printf("16<<15=%d\n",i);
    i=-16<<15;
    printf("-16<<15=%d\n",i);
    printf("变量为无符号的整型数: \n");
    u=20<<3;
    printf("20<<3=%u\n",u);
    u=11<<15;
    printf("11<<15=%u\n",u);
    u=16<<15;
    printf("16<<15=%u\n",u);
}
```

【运行结果】

变量为有符号的整型数:

10<<3=80

-10<<3=-80

```
11<<15=360448
-11<<15=-360448
16<<15=524288
-16<<15=-524288
变量为无符号的整型数：
20<<3=160
11<<15=360448
16<<15=524288
```

【程序说明】 定义整型变量 i 和无符号整型变量 u，将数值按位左移运算后的结果赋值给变量 i 和 u，输出变量 i、u 的值。每左移 1 位，相当于操作数乘以 2，左移 n 位，相当于操作数乘以 2^n。左移运算注意不要移出数据有效范围。

11.2.6 按位右移运算

按位右移运算是把操作对象的二进制数向右移动指定的位，移出的低位舍弃；高位分两种情况。

① 对无符号数和有符号中的正数，左边补 0；

② 对于有符号数中的负数，左边补符号位。

按位右移后，左边补 0 的称为"逻辑右移"，左边补 1 的称为"算术右移"。

右移运算的表达式为：

```
m>>n;
```

即将 m 的二进制位全部右移 n 位，其中，m 和 n 均为整型，且 n 的值必须为正整数。例如，有如下语句：

```
int m=75;
printf("m>>2=%d\n",m>>2);
```

该语句执行结果为：

```
m>>2=18
```

具体演算过程如下：

m 的值为 $(75)_{10}=(0000000001001011)_2$

m>>2=000000000001001011

补入 ←┘   └→ 丢弃

故 m>>2 = $(0000000000010010)_2=(18)_{10}$。

例如，对于下面的语句：

```
int m=-75;
printf("m>>1=%d\n",m>>1);
```

该语句执行结果为：

```
m>>1=-38
```

具体演算过程如下：

m 的值为 $(-75)_{10}=(1000000001001011)_2$，在计算机中负数是对其补码进行运算，故

$m|_{原码}=(-75)_{10}=(1000000001001011)_2$

$m|_{反码}=(1111111110110100)_2$

$m|_{补码}=(1111111110110101)_2$

$$m|_{补码}>>1=(\underbrace{1 1 1 1 1 1 1 1 1 0 1 1 0 1 0 1}_{})_2$$

补入 ←┘   └→ 丢弃

请注意，对于有符号的整型数，按位右移运算，符号位是要保留的，故最后的结果为：
$m>>1=(1111111111011010)_{补码}=(1000000000100110)_2=(-38)_{10}$。

从以上两个例子可知，按位右移运算具有如下特点：

① 逻辑右移的情况，$m>>n$ 的值相当于 $m/2^n$，每右移一位相当于原操作数除以 2。实际操作时注意不要移出数据的有效范围，避免出现数据恒为零的情况。

② 算数右移的情况，$m>>n$ 的值相当于 $m/2^n+1$，每右移一位相当于原操作数除以 2 再加 1。实际操作时注意不要移出数据的有效范围，避免出现数据恒为-1 的情况。

【例 11.6】阅读以下程序，掌握按位右移运算的规则。

```c
#include <stdio.h>
void main()
{
    int i;
    unsigned int u;
    printf("有符号的整型变量: \n");
    i=20>>3;
    printf("1--(20>>3)=%d\n",i);
    i=-20>>3;
    printf("2--(-20>>3)=%d\n",i);
    i=25>>17;
    printf("3--(25>>17)=%d\n",i);
    i=-25>>-3;
    printf("4--(-25>>-3)=%d\n",i);
    i=32>>15;
    printf("5--(32>>15)=%d\n",i);
    i=-32>>15;
    printf("6--(-32>>15)=%d\n",i);
    printf("无符号的整型变量: \n");
    u=25>>3;
    printf("7--(25>>3)=%u\n",u);
    u=17>>15;
    printf("8--(17>>15)=%u\n",u);
    u=18>>15;
    printf("9--(18>>15)=%u\n",u);
}
```

【运行结果】

```
有符号的整型变量:
1--(20>>3)=2
2--(-20>>3)=-3
3--(25>>17)=0
4--(-25>>-3)=-1
5--(32>>15)=0
6--(-32>>15)=-1
无符号的整型变量:
7--(25>>3)=3
8--(17>>15)=0
9--(18>>15)=0
```

【程序说明】 定义整型变量i和无符号整型变量u，将数值按位右移运算后的结果赋值给变量i和u，输出变量i和u的值。正数每右移1位，相当于操作数除以2，右移n位，相当于操作数除以2^n。对于负数，右移n位，相当于操作数除以2^n然后再加1。右移运算注意不要移出数据有效范围。注意，编译器并不对程序中的一些错误表达式进行检查，比如本例中最高位移出最低位和右操作数为负数的情况也给出计算结果，在程序设计中要避免这种情况发生。

11.2.7 复合位运算赋值运算符

前面所讲的5种双目位运算符和赋值运算符结合后可以组成复合位运算赋值运算符，具体如表11-5所示。

表 11-5 复合位运算赋值运算符

运 算 符	表 达 式	等价的表达式
&=	a&=b	a=a&b
|=	a|=b	a=a|b
^=	a^=b	a=a^b
<<=	a<<=b	a=a<<b
>>=	a>>=b	a=a>>b

注：在编写程序时根据个人习惯，灵活选择一种表达形式。

习 题 十 一

1. 选择题

（1）下面运算符优先级最高的是（　　）。

  A.   B. ^   C. ~   D. +

（2）若整型变量m、n的值分别为13、22，则m&n的值是（　　）。

  A. 4   B. 5   C. 20   D. 3

（3）若整型变量a的值为-3，则a<<2的值为（　　）。

  A. 0   B. 8   C. −12   D. −24

（4）有以下程序：

```c
#include <stdio.h>
void main()
{
    int m=5,n=1,t;
    t=m<<2*n;
    printf("%d\n",t);
}
```

程序运行后的输出结果是（　　）。

  A. 20   B. 1   C. 6   D. 10

（5）设有以下语句：

```c
char x=3,y=6,z;
z=x^y<<2;
```

则z的二进制值是（　　）。

A. 10011000　　　B. 00011011　　　C. 00011110　　　D. 00010100

（6）已知 int a=1,b=3，则 a^b 的值为（　　）。

A. 3　　　　　B. 2　　　　　C. 5　　　　　D. 4

（7）已知 int a=5,b=4，则 a|b 的值为（　　）。

A. 1　　　　　B. 3　　　　　C. 5　　　　　D. 6

（8）设有以下语句：

```
int m=1,n=18,t;
t=m^(n>>2);
```

执行后，t 的值为（　　）。

A. 6　　　　　B. 5　　　　　C. 8　　　　　D. 4

（9）有以下程序：

```
#include <stdio.h>
main()
{
    char a=4;
    printf("%d\n",a=a<<2);
}
```

程序的运行结果是（　　）。

A. 20　　　　　B. 16　　　　　C. 8　　　　　D. 4

（10）以下叙述中不正确的是（　　）。

A. 表达式 a&=b 等价于 a=a&b　　　　　B. 表达式 a!=b 等价于 a=a!b

C. 表达式 a^=b 等价于 a=a^b　　　　　D. 表达式 a|=b 等价于 a=a|b

（11）在位运算中，操作数每左移一位，则结果相当于（　　）。

A. 操作数乘以 2　　B. 操作数乘以 4　　C. 操作数除以 2　　D. 操作数除以 4

2. 填空题

（1）若有以下语句，则 c 的二进制数是＿＿＿＿＿＿。

char a=3,b=5,c;　c=a^b>>2;

（2）设 a=00101101，若想通过 a^b 运算使 a 的高 4 位取反，低 4 位不变，则 b 的二进制数应该是＿＿＿＿＿＿。

（3）设有 char a,b;，若要通过 a|b 运算使 a 中的第 3 位和第 6 位保持不变，其他位置为 1（右起为第 1 位），则 b 的二进制数应该是＿＿＿＿＿＿。

（4）设有 char a,b;，若想通过 a&b 运算保留 a 的第 3 位和第 6 位的值（右起为第 1 位），则 b 的二进制数应该是＿＿＿＿＿＿。

（5）设 x 是一个 16 位的二进制数，若要通过 a|b 使 a 低 8 位置 1，高 8 位不变，则 b 的八进制值是＿＿＿＿＿＿。

（6）int a=1,b=2; if(a&b) printf("***\n"); else printf("$$$\n"); 输出结果是：＿＿＿＿＿＿。

3. 编程题

（1）编写程序，从键盘输入两个整数 a 和 b，对两个整数进行按位与、按位或、按位异或、按位取反，左移、右移运算，分析运算结果，理解各种位运算的概念。

（2）编写程序，从键盘输入一个无符号的整型数 x，将 x 从低位数起的奇数位全部变成 1（如果原来该位为 1，则仍为 1 不变），偶数位保持不变。

第 12 章

文　件

在前几章的例题中，程序执行时输入的任何数据在程序结束后都会消失。如果想用一样的数据运行程序，就必须再输一次，这样很不方便。为了解决这种问题，可以将这些数据存储成即使关掉计算机也不会消失的文件，在执行程序时从文件中读取这些数据即可。C语言提供了丰富的文件操作函数来实现对文件的操作，本章主要介绍文件的概念及有关操作，使读者了解文件的相关概念、操作流程，并掌握文件的打开、关闭、读写等操作函数的用法。

 ## 12.1　文件的概念

C 语言中，可以将文件中存储的数据读入到程序中进行处理，此过程称为输入操作；也可以将程序的运行结果保存到文件中，此过程称为输出操作。所有的输入/输出操作都是通过流来进行的，它是一个抽象概念，并不是某个具体的文件。下面分别介绍文件和流的概念。

12.1.1　文件

文件是指存储在外部介质上的有名字的一组相关数据的有序集合，其主要作用是保存数据，是数据源的一种，比如常见的 PowerPoint 文件、Excel 文件、txt 文件、可执行程序文件等。

文件是操作系统管理数据的基本单位，一般包括路径、文件名、后缀 3 个要素。

路径：C 语言中，可以用\\或者/作为路径中目录层次的分隔符来显式地指出文件的绝对路径；若没显式指明文件路径，则默认为当前路径。例如：F:\\Test.doc 或者 F:/Test.doc 表示在 F 盘根目录下保存的文件 Test.doc。Test.txt 表示当前目录下的文件 Test.txt。C 语言中不仅支持对根目录下文件或当前目录下文件的操作，也支持对多级目录下文件的操作，其路径写法举例如下：F:\\C_language\\Chapter_12\\file1.txt 或者 F:/C_language/Chapter_12/file1.txt。

文件名：文件存在的标识，使用合法的标识符命名，如 Test、file1、Test_1 等都是合法的文件名。

后缀：又称扩展名，用来表示文件类型，文件名和后缀之间用一个小圆点隔开，表示方式为"文件名.后缀"。常见的后缀类型有：doc、xls、ppt、txt、c、obj、exe、jpg 等。

文件按数据的组织形式分类，可分为文本文件和二进制文件两类。

① 文本文件中的数据以字符形式呈现，把每个字符的定长编码值存入文件中，常用的编码方式有 ASCII 编码、UNICODE 编码等。

② 二进制文件中的数据以二进制的形式呈现，直接把数据对应的二进制形式存入文件中，为变长编码。

例如：数据 23，在文本文件中，需要先将字符 '2' 和 '3' 的 ASCII 码（50 和 51）转换为二进制形式后存储，即 0011001000110011。在二进制文件中，需要先将 23 转换成二进制，若存储成 char 类型，补足 8 位即可，即 00010111；若存储成 int 类型，补足 32 位即可，即 00000000000000000000000000010111。

文本文件中的字符采用定长编码，可读性好、译码容易，但存储费时；二进制文件采用变长编码，可读性差、译码难，但灵活性好、执行效率高。

12.1.2 流

流是一个逻辑概念，指数据在文件（数据源）和程序（内存）之间传递的过程。产生数据的过程称为输入流（Input Stream），消耗数据的过程称为输出流（Output Stream），即数据从文件（数据源）流入到程序（内存）的过程称为输入流，从程序（内存）流出到文件（数据源）的过程称为输出流。

C 语言中，流除了按传递方向分为输入/输出（I/O）流之外，还可按数据形式分为文本流和二进制流两种。

文本流是一种字符序列，由文本行组成，每一行有 0 个或多个字符并以"\n"字符结束。

二进制流是一种字节序列，由未经处理的数据组成的，C 语言将其看成由 0 和 1 组成的序列。

12.1.3 文件与流的关系

文件和流均为逻辑上的概念，都是对 I/O 设备的抽象，经常交换使用。但两者各有侧重点，文件是静态的，侧重于操作对象本身，将数据看成是操作的对象或结果；流是动态的，更侧重于操作的过程，将数据看作一种正朝某个方向运动（输入或输出）的对象。

12.2 文件的操作

文件操作的流程是：打开文件—读写文件—关闭文件，即文件在进行读写等操作之前要先打开，使用完后要进行关闭。

12.2.1 文件指针

在 C 语言中使用文件时，需要在内存开辟一片区域来存放文件的基本信息，在<stdio.h>中定义了一个结构体来存放相关信息，该结构体在 C 语言的不同版本中其定义可能不同，但名称均为 FILE。

在 TC 2.0 中其定义如下：

```
typedef  struct
{
    short  level;              //缓冲区满或空的程度
    unsigned flags;            //文件状态标志
    char fd;                   //文件描述符
    unsigned char hold;        //如缓冲区无内容则不读取字符
    short bsize;               //缓冲区的大小
    unsigned char*buffer;      //数据缓冲区的位置
    unsigned char*curp;        //文件位置标记指针当前的指向
    unsigned istemp;           //临时文件指示器
    short token;               //用于有效性检查
}FILE
```

在 VC 6.0 中其定义如下：

```
#ifndef _FILE_DEFINED
struct _iobuf
{
    char * _ptr;               //文件输入的下一个位置
    int  _cnt;                 //当前缓冲区的相对位置
    char * _base;              //指基础位置(即文件的起始位置)
    int  _flag;                //文件标志
    int  _file;                //文件的有效性验证
    int  _charbuf;             //检查缓冲区状况，如果无缓冲区则不读取
    int  _bufsiz;              //缓冲区大小
    char * _tmpfname;          //临时文件名
};
typedef struct _iobuf FILE;
#define _FILE_DEFINED
#endif
```

在进行文件输入/输出等操作时，一般需要声明一个指向 FILE 类型变量的指针，通过该指针来引用 FILE 类型的变量，该文件类型指针简称为文件指针。

文件指针的声明格式为：

```
FILE *指针变量标识符;
```

例如：

```
FILE *fp;
```

该句代码定义了一个文件指针 fp，指向一个可操作的文件。

12.2.2　打开文件

打开文件可以获取文件状态、读写位置等有关信息，这些信息会被保存到一个 FILE 类型的结构体变量中。使用库函数 fopen 可以完成该操作，函数的原型如下：

```
FILE * fopen(char *pname,char *mode)
```

说明：

① 函数的返回值是一个FILE类型指针,若文件打开成功,将返回一个有确定指向的FILE指针，若打开失败，返回值为 NULL。

② 导致文件打开失败的常见错误有：指定路径不存在、指定盘符不存在、文件名中有

无效字符、文件不存在等。

③ 该函数的第一个参数表示要打开的文件的文件名，该参数可以不包含路径信息也可以包含路径信息。例如：Test.txt 表示当前目录下的 Test.txt 文件；F:\\ASP\\chap12\\Test1.txt 表示 F 盘 ASP 文件夹中子文件夹 chap12 中的 Test1.txt 文件。

④ 该函数的第二个参数指定文件的打开模式。有两重含义，一是指定文件是按照二进制还是文本模式打开；二是对文件进行读还是写的操作。可使用 r、w、a、t、b、+这几个字符及其组合来表示。其含义如下：

- r（read）：只读，指定的文本文件须存在，否则打开失败。
- w（write）：只写，若指定的文本文件存在，清除原有内容后再写入，若该文本文件不存在则先创建再写入。
- a（append）：追加，原文本文件不删除，向文件尾部追加数据。若该文本文件不存在则出错。
- t（text）：按文本文件模式打开。
- b（binary）：按二进制文件模式打开。
- +：可读可写。
- r+：可读/写数据，该文本文件须存在，否则打开失败。
- w+：可读/写数据，若指定的文本文件存在，清除原有内容后再写入，若该文本文件不存在则先创建再写入，然后可读取该文件中的数据。
- a+：可读/写数据，在 a 的模式上增加可读功能。

二进制文件打开模式的含义与文本文件相同，只需在模式名称中加上 b，即 rb、wb、ab、rb+、wb+、ab+。

ℹ️ **注意**
打开模式说明在使用时需要用双引号引起来，而不是用单引号引起来。

【例 12.1】判断按只读方式打开 F 盘下一个名为 Test1.txt 的文本文件是否失败。

```c
#include <stdio.h>
void main()
{
    FILE *fp;      //定义一个名为 fp 的文件指针
    //判断按只读方式打开 F 盘下一个名为 Test1.txt 的文本文件是否失败
    if((fp=fopen("F:\\Test1.txt","r"))==NULL)
    {
        printf("文件打开失败!\n");
        exit(0);
    }
    else
    printf("文件打开成功\n");
}
```

【运行结果】
文件打开成功！（文件正常打开时的运行结果）
或者是：
文件打开失败！（文件无法正常打开时的运行结果）

【程序说明】要想成功打开文件，需要在 F 盘根目录下先创建一个名为 Test1.txt 的文件，路径、文件名等错误或文件不存在均无法正常打开。

12.2.3　关闭文件

文件使用完后，最好马上关闭文件，这样可以避免丢失数据。在重命名或删除文件时，也需关闭文件，此外操作系统通常会限制一次打开文件的个数，使用后马上关闭，可以降低与操作系统发生冲突的几率。

关闭文件就是断开与文件之间的联系，释放结构体变量，同时不允许再对文件进行操作。使用库函数 fclose 可以完成该操作，该函数的原型如下：

```
int  fclose(FILE *fp);
```

说明：

① 其参数是一个文件指针，表示需要关闭的文件。

② 若正常关闭文件，函数的返回值是 0，若文件关闭时发生错误，则返回值为 EOF。

注意

EOF 是一个文件结束字符，在<stdio.h>中定义，一般为-1，但并不绝对是-1，所以有的教材上说文件关闭时发生错误，fclose 的返回值为非 0 值。

【例 12.2】打开文件并进行判断和关闭文件。

```
#include <stdio.h>
void main()
{
    FILE *fp;
    if((fp=fopen("F:\\Test1.txt","r"))==NULL)
        printf("文件打开失败!\n");
    else
    {
        printf("文件打开成功!\n");
        fclose(fp);
    }
}
```

【运行结果】

文件打开成功!（文件正常打开时的运行结果）

或者是：

文件打开失败!（文件无法正常打开时的运行结果）

【程序说明】首先在 F 盘下创建 Test1.txt 文件，然后运行程序，就会在屏幕上输出"文件打开成功!"。如果文件名错误、路径错误或未创建 Test1.txt 文件等均会导致文件无法正常打开，将会在屏幕上输出"文件打开失败!"

在程序中如果要关闭所有打开的文件，可以使用 fcloseall 函数，该函数的原型如下：

```
int  fcloseall(void);
```

12.2.4　读写文件

在 C 语言中，文件有多种读写方式，可以按字符读写，也可以按字符串读写，还可以按数据块读写。

1. 按字符读写文件

按字符读写文件时，读取时每次从文件中读取单个字符，写入时也是每次向文件中写入单个字符。使用库函数 fgetc 实现按字符读取，fputc 实现按字符写入。

（1）fgetc 函数

fgetc 函数的原型如下：

```
int fgetc(FILE *fp);
```

说明：

① 参数 fp 是 fopen 函数返回的文件指针。fopen 函数中文件必须以只读（r）或读写（r+ 或 w+）模式打开。

② 读取成功时函数返回值为读取的字符，读取失败或到文件末尾时函数返回 EOF，其值一般为–1，由于 C 语言中–1 不能赋值给 char 类型的变量，但字符数据可以赋值给 int 类型的变量，故该函数的返回值定义为 int 类型。

【例 12.3】在屏幕上显示 F:\\Test1.txt 文件（见图 12-1）中的内容。

```
#include <stdio.h>
void main()
{
    FILE *fp;
    char ch;
    fp=fopen("F:\\Test1.txt","r");
    if(fp == NULL)
        printf("文件打开失败!");
    else
    {
        while((ch=fgetc(fp)) != EOF )
        putchar(ch);
    }
    putchar('\n');
    fclose(fp);
}
```

运行结果如图 12-2 所示。

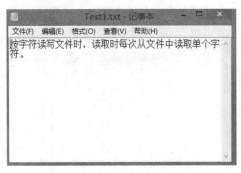

图 12-1 Test1.txt 的内容

图 12-2 运行结果

【程序说明】首先在 F 盘下创建 Test1.txt 文件，输入任意内容并保存，如图 12-1 所示，然后运行程序，就会看到刚才输入的内容全部都显示在屏幕上，如图 12-2 所示。如果文件名错误、路径错误或者未创建 Test1.txt 文件等均会导致文件无法正常打开，将会在屏幕上输出"文件打开失败！"。

（2）fputc 函数

fputc 函数的原型如下：

```
int fputc(int ch,FILE *fp);
```

说明：

① 参数 ch 是要写入的字符，参数 fp 是 fopen 函数返回的文件指针。fopen 函数中的文件必须以只写（w）、读写（r+或 w+）或追加（a）模式打开。

② 成功写入时函数返回值为写入的字符，写入失败时函数返回 EOF，其值一般为-1。

【例 12.4】将从键盘输入的若干字符保存到 F:\\Test2.txt 文件中。各字符连续输入直到按回车键结束。

```c
#include <stdio.h>
void main()
{
    FILE *fp;
    char ch;
    fp=fopen("F:\\Test2.txt","w");
    if(fp==NULL)
        printf("文件打开失败！");
    else
    {
        printf("请输入一段文字或一串字符:\n");
        while((ch=getchar())!='\n')
        //每次从键盘读取一个字符并写入文件，直到按回车为止
        {
            fputc(ch,fp);
        }
    }
    fclose(fp);
}
```

运行结果如图 12-3 所示。

【程序说明】程序每次从键盘读取一个字符写入文件，当按回车键时循环条件不成立，结束写入。

首先在 F 盘下创建 Test2.txt 文件，然后运行程序时根据提示信息用键盘输入字符，按回车键结束，如图 12-3 所示，打开 F 盘下的 Test2.txt 文件，就可以看到输入的内容，如图 12-4 所示。

图 12-3 运行结果

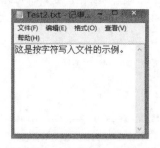

图 12-4 创建的文件内容

2. 按字符串读写文件

按字符读写文件, 如果读取多个字符就得重复调用 fgetc 函数, 效率比较低, 对这种情况, 可以使用库函数 fgets 实现一次多个字符读取, 用 fputs 函数实现一次多个字符写入。

（1）fgets 函数

fgets 函数的原型如下：

```c
char *fgets(char *str,int length,FILE *fp);
```

说明：

① 参数 str 是一个字符指针, 存储从文件中读取的字符串的首地址, 也可以定义成字符数组, 保存读取的字符串。

② 参数 length 表示读取的字符个数, 实际读取的个数是 length-1, 因为会在读取到的字符串末尾自动添加字符串结束标记 '\0'。

③ 参数 fp 是 fopen 函数返回的文件指针。

④ 读取成功时函数返回值为字符指针 str 或者字符数组的首地址, 读取失败或读取时指针已指向文件末尾时函数返回 NULL。

⑤ 当读到换行符时, 会把换行符作为字符串的一部分一起读出。

【例 12.5】将 F:\\Test3.txt 文件中的内容（见图 12-5）显示到屏幕。

```c
#include <stdio.h>
#include <stdlib.h>
#define N 100
void main()
{
    FILE *fp;
    char str[N+1];
    fp=fopen("f:\\Test3.txt","r");
    if(fp==NULL)
        printf("文件打开失败!");
    else
    {
        while(fgets(str,N,fp)!=NULL)
        printf("%s",str);
        printf("\n");
    }
    fclose(fp);
}
```

运行结果如图 12-6 所示。

图 12-5　Test3.txt 的内容

图 12-6　运行结果

【程序说明】首先在 F 盘下创建 Test3.txt 文件，输入任意内容并保存，如图 12-5 所示，然后运行程序，就会看到刚才输入的内容全部都显示在屏幕上，如图 12-6 所示。如果文件名错误、路径错误或者未创建 Test3.txt 文件等均会导致文件无法正常打开，将会在屏幕上输出"文件打开失败!"。

该例题的输出结果之所以与 Test3.txt 的内容保持一致，该换行的地方换行，是因为 fgets 会把换行符作为字符串的一部分一起读出。

（2）fputs 函数

fputs 函数的原型如下：

```
int fputs(char *str,FILE *fp);
```

说明：

① 参数 str 是一个字符指针，是要写入文件中的字符串首地址，也可以定义成字符数组，为要写入文件的字符串。

② 参数 fp 是 fopen 函数返回的文件指针，指向写入的文件。

③ 写入成功时函数返回值为一个非负数（具体由编译器决定，一般为 0），写入失败时函数返回 EOF。

【例 12.6】将从键盘输入的字符串追加到 F:\\Test4.txt 文件中（原有内容如图 12-7 所示）。

```
#include <stdio.h>
#include <stdlib.h>
#include <string.h>
#define N 100
void main()
{
    FILE *fp;
    char  str[N];
    fp=fopen("F:\\Test4.txt","a+");
    if(fp==NULL)
        printf("文件打开失败!");
    else
    {
        printf("请输入字符串:\n");
        gets(str);
        fputs(str,fp);
        fputc("\n",fp);
    }
    fclose(fp);
}
```

运行结果如图 12-8 所示。

【程序说明】首先在 F 盘下创建 Test4.txt 文件，任意输入内容并保存，如图 12-7 所示，然后运行程序时根据提示信息用键盘输入字符串按回车键结束，如图 12-8 所示，打开 F 盘下的 Test4.txt 文件，就可以看到输入的内容已追加到 Test4.txt 原有内容的尾部，如图 12-9 所示。

图 12-7　Test4.txt 的原有内容

图 12-8　运行结果

图 12-9　程序执行后 Test4.txt 的内容

如果文件以 w（写）的模式打开，运行程序后 Test4.txt 原有内容删除，输入的内容保存到 Test4.txt 文件。

3．按数据块读写文件

按数据块读写文件时，每次可从文件中读取/写入多行数据。使用库函数 fread 实现数据块读取，函数 fwrite 实现数据块写入。

（1）fread 函数

fread 函数的原型如下：

```
size_t  fread(void *ptr,size_t size,size_t count,FILE *fp);
```

说明：

① 函数返回值为 size_t 类型，是针对 int 等类型长度随开发环境不同而变化的问题，为了保证可移植性而定义的一个中间类型，一般为整型，其定义位于头文件 stddef.h 或 search.h 中。移植时可用 typedef 指定平台中的实际类型。

② 参数 ptr 为要读取数据块的首地址。

③ 参数 size 为要读取的每个数据块的大小，为字节数。

④ 参数 count 为要读取的数据块数目。

⑤ 参数 fp 为 fopen 函数返回的文件指针，指向要读取数据的文件，需以二进制模式打开。

⑥ 读取成功时函数返回值为读取的数据块数，读取失败时函数返回一个比参数 count（要读取的数据块数目）小的值。

（2）fwrite 函数

fwrite 函数的原型如下：

```
size_t fwrite(void *ptr,size_t size,size_t count,FILE *fp);
```

说明：

① 参数 ptr 为要写入的内存区域的首地址。

② 参数 size 为要写入的每个数据块的大小，为字节数。

③ 参数 count 为要写入的数据块数目。

④ 参数 fp 为 fopen 函数返回的文件指针，指向写入的目标文件，需以二进制模式打开。

【例 12.7】从键盘输入 4 个职工的姓名、工号、年龄信息写入 F:\\Test5.txt 文件中，然后从中读取前两个职工的信息并输出到屏幕。

```
#include <stdio.h>
#define N 4
```

```
struct worker
{
    char name[10];        //姓名
    int num;              //工号
    int age;              //年龄
}w1[N],w2[N],*pa,*pb;
void main()
{
    FILE *fp;
    int i;
    pa=w1;
    pb=w2;
    if((fp=fopen("f:\\Test5.txt","wb+"))==NULL)
        printf("文件打开失败!");
    //从键盘输入数据
    for(i=0;i<N; i++,pa++)
    {
        printf("请输入第%d个职工的姓名 工号 年龄:\n",i+1);
        scanf("%s %d %d",pa->name,&pa->num,&pa->age);
    }
    printf("数据输入完毕!\n");
    fwrite(w1,sizeof(struct worker),N,fp);     //将数组 w1 的数据写入文件
    printf("数据已写入 Test5.txt!\n");
    rewind(fp);   //将文件指针重置到文件开头
    fread(w2, sizeof(struct worker),N,fp);
    //从文件读取前两个职工的数据并保存到数组 w2
    printf("从 Test5.txt 中读取的前两个职工的信息如下: \n");
    //输出数组 w2 中的数据
    for(i=0;i<2;i++,pb++)
    {
        printf("%s  %d  %d\n",pb->name,pb->num,pb->age);
    }
    fclose(fp);
}
```

【运行结果】

请输入第 1 个职工的姓名 工号 年龄:
Tom 1 20
请输入第 2 个职工的姓名 工号 年龄:
Jim 2 22
请输入第 3 个职工的姓名 工号 年龄:
Lucy 3 24
请输入第 4 个职工的姓名 工号 年龄:
John 4 21
数据输入完毕!
数据已写入 Test5.txt!
从 Test5.txt 中读取的前两个职工的信息如下:
Tom 1 20
Jim 2 22

【程序说明】首先需要在 F 盘创建一个 Test5.txt 文件，且文件需要以二进制读写模式打

开，程序执行时按照提示输入职工信息，输入完毕后，程序会把输入数据写入 F:\\Test5.txt 文件，随后使用 rewind 函数将文件指针重置到文件开头，用 fread 函数将前两个职工的信息读取到一个数组，随后使用 for 循环将读取到的数据输出到屏幕。

4．格式化读写文件

前面章节学习的格式化输入/输出函数 scanf 和 printf 的功能是键盘格式化输入或格式化输出到屏幕显示，如果要把数据格式化写入文件中或从文件中格式化读取数据就要使用 fprintf（格式化写入文件）和 fscanf（格式化从文件中读取数据）函数。

（1）fprintf 函数

fprintf 函数的原型如下：

```
int fprintf (FILE *fp,char *format,…);
```

说明：

① 参数 fp 为 fopen 函数返回的文件指针，指向格式化保存数据的文件。

② 参数 format 为格式控制符。

③ 参数…为参数列表。

④ 与 printf 函数相比多了个 fp 参数。

⑤ 成功写入时函数返回值为字符的个数，失败时函数返回值为一个负整数。

（2）fscanf 函数

fscanf 函数的原型如下：

```
int fscanf (FILE *fp,char *format,…);
```

说明：

① 参数 fp 为 fopen 函数返回的文件指针，指向从中格式化读取数据的文件。

② 参数 format 为格式控制符。

③ 参数…为地址列表。

④ 与 scanf 函数相比多了个 fp 参数。

⑤ 函数返回值为参数列表中被成功赋值的参数个数。

【例 12.8】从键盘格式化输入 5 个职工的姓名、工号、年龄信息写入 F:\\Test6.txt 文件中，然后从中格式化读取前 3 个职工的信息到一个数组，最后将其输出到屏幕。

```
#include<stdio.h>
#define N 5
struct worker
{
    char name[10];      //姓名
    int id;             //工号
    int age;            //年龄
}w1[N],w2[N],*pa,*pb;
void main()
{
    FILE *fp;
    int i;
    pa=w1;
    pb=w2;
    if((fp=fopen("f:\\Test6.txt","w+")) == NULL)
```

```c
        printf("文件打开失败!");
    //从键盘输入数据,保存到 w1
    for(i=0;i<N;i++,pa++)
    {
        printf("请输入第%d个职工的姓名  工号  年龄:\n",i+1);
        scanf("%s %d %d",pa->name,&pa->id,&pa->age);
    }
    printf("数据输入完毕!\n");
    pa=w1;
    //将数组 w1 的数据格式化写入文件
    for(i=0;i<N;i++,pa++)
    {
        fprintf(fp,"%s %d %d\n",pa->name,pa->id,pa->age);
    }
    printf("数据已写入 Test6.txt!\n");
    rewind(fp);  //将文件指针重置到文件开头
    //从文件格式化读取前 3 个职工的数据并保存到数组 w2
    for(i=0;i<3;i++,pb++)
    {
        fscanf(fp,"%s %d %d\n",pb->name,&pb->id,&pb->age);
    }
    pb=w2;
    printf("从 Test6.txt 中读取的前 3 个职工的信息如下:\n");
    printf("姓名\t工号\t年龄\n");
    //输出数组 w2 中的数据
    for(i=0;i<3;i++,pb++)
    {
        printf("%s\t%d\t%d\n",pb->name,pb->id,pb->age);
    }
    fclose(fp);
}
```

【运行结果】

```
请输入第 1 个职工的姓名  工号  年龄:
Tom 1 20
请输入第 2 个职工的姓名  工号  年龄:
Jim 2 22
请输入第 3 个职工的姓名  工号  年龄:
Lucy 3 21
请输入第 4 个职工的姓名  工号  年龄:
Lily 4 25
请输入第 5 个职工的姓名  工号  年龄:
John 5 22
数据输入完毕!
数据已写入 Test6.txt!
从 Test6.txt 中读取的前 3 个职工的信息如下:
姓名     工号     年龄
Tom      1        20
Jim      2        22
Lucy     3        21
```

【程序说明】首先需要在 F 盘创建一个 Test6.txt 文件，且文件需要以读写模式打开，程序执行时按照提示输入职工信息，输入完毕后，程序会用 fprintf 函数把输入数据格式化写入 F:\\Test6.txt 文件，随后使用 rewind 函数将文件指针重置到文件开头，用 fscanf 函数从 F:\\Test6.txt 文件将前 3 个职工信息格式化读取到一个数组 w2，随后使用 for 循环将读取到的数据输出到屏幕。

12.2.5 重命名文件

C 语言中库函数 rename 可用来对文件进行重命名，函数原型如下：

```
int rename(char *oldname,char *newname);
```

说明：

① 参数 oldname 为要重命名文件的文件名。

② 参数 newname 为新的文件名，如果有该名称的文件存在，则会被删除。

③ 重命名成功时函数的返回值为 0，失败时函数的返回值为–1。

④ 文件名可以不包含路径信息也可以包含路径信息，不包含路径信息时指的是当前路径。

⑤ 由于文件名可包含路径信息，所以此函数不仅可以实现修改文件名和文件类型的功能，还可以实现文件的移动。

⑥ 文件名包含路径信息时，newname 不能包含 oldname 作为其路径前缀。

【例 12.9】重命名文件。

```
#include <stdio.h>
void main()
{
    char oldname[100], newname[100];
    printf("请输入要重命名的文件的文件名,可以带路径信息,如果不带路径指的是当前路径:\n");
    gets(oldname);
    printf("请输入您想修改成的文件名:\n");
    gets(newname);
    /* 更改文件名 */
    if(rename(oldname,newname)==0)
        printf("已经把文件%s 修改为%s。\n",oldname,newname);
    else
        printf("文件重命名失败,可能是文件名不对或者文件不存在,也可能是路径错误!");
}
```

【运行结果】

请输入要重命名的文件的文件名，可以带路径信息，如果不带路径指的是当前路径：
text.doc
请输入您想修改成的文件名：
Test.txt
已经把文件 text.doc 修改为 Test.txt。

【程序说明】从上面的运行结果可以看到，将当前路径的文件 text.doc 的文件名改成了 Test.txt，不仅修改了文件名，还改变了文件的类型，可到当前工作路径下查看效果。但如果当前路径下没有名为 text.doc 的文件，将提示"文件重命名失败，可能是文件名不对或者文件不存在，也可能是路径错误!"。如果运行程序时分别输入 E:\\text.doc 和 F:\\text.doc，可将 E 盘的 text.doc 文件移动到 F 盘。

12.2.6 删除文件

C语言中用来实现删除文件功能的库函数是 remove 函数，其函数原型如下：

```
int remove(char *filename);
```

说明：

① 参数 filename 为要删除文件的文件名。

② 文件删除成功时函数的返回值为 0，失败时函数的返回值为–1。

③ 指定的要删除文件的文件名不存在或者无删除权限时都会导致删除失败。

④ 要删除文件的文件名可以不包含路径信息也可以包含路径信息，不包含路径信息时指的是当前路径。路径或文件名错误均会导致删除操作失败。

【例 12.10】编写程序实现文件的删除操作。

```
#include <stdio.h>
void main()
{
    char filename[80];
    printf("请输入要删除的文件的文件名:\n");
    gets(filename);
    if(remove(filename)==0 )
        printf("文件%s 已删除!\n",filename);
    else
        printf("文件%s 删除失败，其原因可能是文件不存在或者无删除权限!\n");
}
```

【运行结果】

请输入要删除的文件的文件名：
F:\\Test3.txt
文件 F:\\Test3.txt 已删除!

【程序说明】该程序运行时先从控制台获取文件名，然后删除该文件，并根据删除结果输出相应的提示信息。

12.2.7 复制文件

C语言没有提供专门的库函数实现复制文件的操作，可以使用 fread 和 fwrite 等读写文件函数来实现。

12.2.8 检测文件

在访问文件的数据时，如果超出文件范围读写，则会发生不可预料的结果，因此必要时应对文件的相关状态进行检测。

1. 文件出错检测

在调用 fputc、fgetc、fread、fwrite 等读写函数进行文件读写操作时，如果出现错误，除了函数返回值能反映出来外，C语言中还提供了 ferror 函数来检查文件操作是否出错。

ferror 函数的原型如下：

```
int ferror(FILE *fp);
```

说明：

① 操作 fp 所指向的文件时，若出错，函数的返回值为真（非 0 值），若没有出现错误，函数的返回值为假（0）。

② 应该在每次进行文件操作后立即使用 ferror 函数检测操作是否出错，避免信息丢失。

2. 出错标识清除

C 语言中使用 clearerr 函数可以清除 FILE *fp 指向文件的文件结束标识和错误标识，其函数原型如下：

```
void clearerr(FILE *fp);
```

说明：该函数可以清除 fp 所指向文件的出错标识和文件结束标识，使其值为 0。

【例 12.11】编写程序检测在调用 fgets 函数从文件中读取数据时是否出错，如果出错清除错误标识。

```
#include <stdio.h>
#define N 100
void main()
{
    FILE *fp;
    char str[N+1];
    fp=fopen("F:\\Test.txt","w");
    if(fp== NULL)
        printf("文件打开失败!");
    else
    {
        while(fgets(str,N,fp)!=NULL)
        printf("%s", str);
        printf("\n");
    }
    if(ferror(fp))
    {
        printf("从文件读取数据失败!\n");
        clearerr(fp);
    }
    fclose(fp);
}
```

【运行结果】

从文件读取数据失败!

【程序说明】如果在 F 盘创建了文本文件 Test.txt，编译并运行上面的程序，因为试图读取以只写模式打开的文件，将会产生上面的运行结果。

如果文件路径错误、文件名错误或者文件不存在，编译并运行上面的程序，运行结果均为：文件打开失败!

将程序中的语句 fp=fopen("F:\\Test.txt","w");改为 fp=fopen("F:\\Test.txt","r");语句，编译并运行程序，控制台将显示读取到的文件内容。

3. 文件结束检测

使用函数 fgetc 从文件中读取数据时，如果读取失败或到文件末尾时函数返回值都为

EOF，所以仅凭返回 EOF(-1) 很难判断出文件是否结束，可以用 feof 函数来检测文件是否结束，用 ferror 函数来检测读取操作是否出错。

feof 函数的原型如下：

```
int feof( FILE *fp);
```

说明：

如果参数 fp 所指向文件的位置指针位于文件结尾，函数返回值为 1，否则为 0。

习 题 十 二

1. 选择题

（1）若要用 fopen 函数打开一个新的二进制文件，该文件要既能读也能写，则文件打开方式字符串应是（　　）。

    A. "w+"　　　　　B. "wb+"　　　　　C. "r+"　　　　　D. "ab"

（2）设 fp 为指向某二进制文件的指针，且已读到此文件末尾，则函数 feof(fp) 的返回值为（　　）。

    A. EOF　　　　　B. 非 0 值　　　　　C. 0　　　　　D. NULL

（3）fgetc 函数的作用是从指定文件读入一个字符，该文件的打开方式必须是（　　）。

    A. 只读　　　　　B. 追加　　　　　C. 只读或读写　　　　　D. 追加、读或读写

（4）在执行 fopen 函数时，ferror 函数的初值是（　　）。

    A. -1　　　　　B. 1　　　　　C. True　　　　　D. 0

（5）fscanf 函数的正确调用形式是（　　）。

    A. fscanf(fp,格式字符串,输出列表);

    B. fscanf(格式字符串,输出列表,fp);

    C. fscanf(格式字符串,文件指针,输出列表);

    D. fscanf(文件指针,格式字符串,输入列表);

（6）系统的标准输入设备是指（　　）。

    A. 硬盘　　　　　B. 软盘　　　　　C. 键盘　　　　　D. 显示器

（7）若要打开 A 盘上 user 子目录下名为 abc.txt 的文本文件进行读、写操作，下面符合此要求的函数调用是（　　）。

    A. fopen ("A:\\user\\abe.txt", "r");　　　　　B. fopen ("A:\\user\\abc.txt", "r+");

    C. fopen ("A:\\user\\abe.txt". "rb");　　　　　D. fopen ("A:\\user\\abc.txt","w");

（8）下列关于 C 语言数据文件的叙述中正确的是（　　）。

    A. 文件由 ASCII 码字符序列组成，C 语言只能读写文本文件

    B. 文件由二进制数据序列组成，C 语言只能读写二进制文件

    C. 文件由数据流形式组成，可按数据的存放形式分为二进制文件和文本文件

    D. C 语言中对二进制文件的访问速度比文本文件慢

（9）有如下程序：

```
#include <stdio.h>
void main()
```

```
    {
        FILE *fp1;
        fp1=fopen("f1.txt","w");
        fprintf(fp1,"abc");
        fclose(fp1);
    }
```

若文本文件 f1.txt 中原有内容为 good，则运行以上程序后文件 f1.txt 中的内容为（   ）。

    A．abc   B．abcd   C．goodabc   D．abcgood

（10）当顺利执行了文件关闭操作时，fclose 函数的返回值是（   ）。

    A．–1   B．0   C．True   D．1

2．编程题

（1）编写程序，从 Test.txt 文本文件中读出每一个字符，将其加密后写入 Test1.txt 文件中，加密的方法是每个字符加 5。

（2）编写程序，将一个磁盘文件 1 的内容复制到另一个磁盘文件 2 中，即模仿 copy 命令的功能。

（3）从键盘输入一些字符，将其逐个送到磁盘文件中，直到用户输入一个"#"为止。

（4）从键盘输入学生的有关信息后把这些数据存储到 Test.txt 文件，并把这些数据再读取到屏幕显示。

（5）从键盘输入一个字符串，将其中的大写字母全部转换成小写字母，然后输出到 Test.txt 文件中保存，输入的字符以"#"结束。

附录 A　ASCII 码表

十进制	十六进制	字符	十进制	十六进制	字符	十进制	十六进制	字符	十进制	十六进制	字符
0	00	NUL	26	1A	SUB	52	34	4	78	4E	N
1	01	SOH	27	1B	ESC	53	35	5	79	4F	O
2	02	STX	28	1C	FS	54	36	6	80	50	P
3	03	ETX	29	1D	GS	55	37	7	81	51	Q
4	04	EOT	30	1E	RS	56	38	8	82	52	R
5	05	ENQ	31	1F	VS	57	39	9	83	53	S
6	06	ACK	32	20	SP	58	3A	:	84	54	T
7	07	BEL	33	21	!	59	3B	;	85	55	U
8	08	BS	34	22	"	60	3C	<	86	56	V
9	09	HT	35	23	#	61	3D	=	87	57	W
10	0A	LF	36	24	$	62	3E	>	88	58	X
11	0B	VT	37	25	%	63	3F	?	89	59	Y
12	0C	FF	38	26	&	64	40	@	90	5A	Z
13	0D	CR	39	27	'	65	41	A	91	5B	[
14	0E	SO	40	28	(	66	42	B	92	5C	\
15	0F	SI	41	29	)	67	43	C	93	5D	]
16	10	DLE	42	2A	*	68	44	D	94	5E	^
17	11	DC1	43	2B	+	69	45	E	95	5F	_
18	12	DC2	44	2C	,	70	46	F	96	60	`
19	13	DC3	45	2D	–	71	47	G	97	61	a
20	14	DC4	46	2E	.	72	48	H	98	62	b
21	15	NAK	47	2F	/	73	49	I	99	63	c
22	16	SYN	48	30	0	74	4A	J	100	64	d
23	17	ETB	49	31	1	75	4B	K	101	65	e
24	18	CAN	50	32	2	76	4C	L	102	66	f
25	19	EM	51	33	3	77	4D	M	103	67	g

十进制	十六进制	字符	十进制	十六进制	字符	十进制	十六进制	字符	十进制	十六进制	字符
104	68	h	110	6E	n	116	74	t	122	7A	z
105	69	i	111	6F	o	117	75	u	123	7B	{
106	6A	j	112	70	p	118	76	v	124	7C	|
107	6B	k	113	71	q	119	77	w	125	7D	}
108	6C	l	114	72	r	120	78	x	126	7E	~
109	6D	m	115	73	s	121	79	y	127	7F	DEL

附录 B　运算符的优先级和结合性

优 先 级	运 算 符	名称或含义	使 用 形 式	结 合 方 向
1	[]	数组下标	数组名[常量表达式]	从左到右
	()	圆括号	(表达式)/函数名(形参表)	
	.	成员选择（对象）	对象.成员名	
	->	成员选择（指针）	对象指针->成员名	
2	–	负号运算符	-表达式	从右到左
	（类型）	强制类型转换	(数据类型)表达式	
	++	自增运算符	++变量名/变量名++	
	––	自减运算符	--变量名/变量名--	
	*	取值运算符	*指针变量	
	&	取地址运算符	&变量名	
	!	逻辑非运算符	!表达式	
	~	按位取反运算符	~表达式	
	sizeof	长度运算符	sizeof(表达式)	
3	/	除	表达式/表达式	从左到右
	*	乘	表达式*表达式	
	%	余数（取模）	整型表达式%整型表达式	
4	+	加	表达式+表达式	从左到右
	–	减	表达式-表达式	
5	<<	左移	变量<<表达式	从左到右
	>>	右移	变量>>表达式	
6	>	大于	表达式>表达式	从左到右
	>=	大于或等于	表达式>=表达式	
	<	小于	表达式<表达式	
	<=	小于或等于	表达式<=表达式	
7	==	等于	表达式==表达式	从左到右
	!=	不等于	表达式!=表达式	
8	&	按位与	表达式&表达式	从左到右

续表

优先级	运算符	名称或含义	使用形式	结合方向
9	^	按位异或	表达式^表达式	从左到右
10	|	按位或	表达式|表达式	从左到右
11	&&	逻辑与	表达式&&表达式	从左到右
12	||	逻辑或	表达式||表达式	从左到右
13	?:	条件运算符	表达式1?表达式2:表达式3	从右到左
14	=	赋值运算符	变量=表达式	从右到左
	/=	除后赋值	变量/=表达式	
	*=	乘后赋值	变量*=表达式	
	%=	取模后赋值	变量%=表达式	
	+=	加后赋值	变量+=表达式	
	−=	减后赋值	变量−=表达式	
	<<=	左移后赋值	变量<<=表达式	
	>>=	右移后赋值	变量>>=表达式	
	&=	按位与后赋值	变量&=表达式	
	^=	按位异或后赋值	变量^=表达式	
	|=	按位或后赋值	变量|=表达式	
15	,	逗号运算符	表达式,表达式,…	从左到右

附录 C 标准库函数

本附录仅从教学需要角度出发，列出 ANSI C 标准建议提供的、常用的部分库函数。若读者对更多的 C 库函数感兴趣，请查阅相关系统的使用手册。

1. 数学函数

调用数学函数时，要求在源文件中使用预处理命令 #include <math.h>。常用的数学函数如表 C-1 所示。

表 C-1 常用数学函数

函 数 名	函数原型说明	功 能	返 回 值
abs	int abs(int x);	求整数 x 的绝对值	计算结果
acos	double acos(double x);	求 $\cos^{-1}(x)$ 的值，$-1 \leqslant x \leqslant 1$	计算结果
asin	double asin(double x);	求 $\sin^{-1}(x)$ 的值，$-1 \leqslant x \leqslant 1$	计算结果
atan	double atan(double x);	求 $\tan^{-1}(x)$ 的值	计算结果
atan2	double atan2(double x, double y);	求 $\tan^{-1}(x/y)$ 的值	计算结果
ceil	double ceil(double x);	求出不小于 x 的最小整数	该整数的双精度实数
cos	double cos(double x);	求 $\cos(x)$ 的值，x 的单位为弧度	计算结果
cosh	double cosh(double x);	求 x 的双曲余弦 $\cosh(x)$ 的值	计算结果
exp	double exp(double x);	求 e^x 的值	计算结果
fabs	double fabs(double x);	求 x 的绝对值	计算结果
floor	double floor(double x);	求不大于 x 的最大整数	该整数的双精度实数
fmod	double fmod(double x, double y);	求整除 x/y 的余数	该余数的双精度实数
frexp	double frexp(double val, int *eptr);	把双精度数 val 分解成数字部分(尾数)x 和以 2 为底的指数 n，即 $val=x*2^n$，n 存放在 eptr 指向的变量中	返回尾数 x，$0.5 \leqslant x < 1$
log	double log(double x);	求 $\log_e x$ 即 lnx	计算结果
log10	double log10(double x);	求 $\log_{10} x$	计算结果
modf	double modf(double val, double *iptr);	把双精度数 val 分解成整数部分和小数部分，把整数部分存放在 ptr 指向的变量中	val 的小数部分
pow	double pow(double x, double y);	求 x^y 的值	计算结果

续表

函数名	函数原型说明	功　能	返 回 值
sin	double sin(double x);	求 sin(x)的值，x 的单位为弧度	计算结果
sinh	double sinh(double x);	求 x 的双曲正弦函数 sinh(x)的值	计算结果
sqrt	double sqrt (double x);	求 $\sqrt{x}$，$x \geq 0$	计算结果
tan	double tan(double x);	求 tan(x)的值，x 的单位为弧度	计算结果
tanh	double tanh(double x),	求 x 的双曲正切函数 tanh(x)的值	计算结果

2．输入/输出函数

调用输入/输出函数时，要求在源文件中使用预处理命令 #include <stdio.h>。常用输入/输出函数如表 C-2 所示。

表 C-2　常用输入/输出函数

函 数 名	函数原型说明	功　能	返 回 值
clearerr	void clearerr(FILE *fp);	清除文件指针错误指示器	无
close	int close(int fp);	关闭文件（非 ANSI 标准）	关闭成功返回 0; 否则返回-1
creat	int creat(char *filename,int mode);	以 mode 所指定的方式建立文件（非 ANSI 标准）	成功返回正数; 否则返回-1
eof	int eof(int fp);	检查 fp 所指的文件是否结束（非 ANSI 标准）	文件结束返回 1; 否则返回 0
fclose	int fclose(FILE *fp);	关闭 fp 所指的文件，释放文件缓冲区	关闭成功返回 0; 否则返回非 0
feof	int feof(FILE *fp);	检查文件是否结束	文件结束返回非 0; 否则返回 0
fgetc	int fgetc(FILE *fp);	从 fp 所指的文件中取得下一个字符	返回所得到的字符; 否则返回 EOF
fgets	char *fgets(char *buf,int n,FILE *fp);	从 fp 所指的文件读取一个长度为(n-1)的字符串，存入起始地址为 buf 的内存区	返回地址 buf; 否则返回 NULL
fopen	FILE *fopen(char *filename,char *mode);	以 mode 指定的方式打开名为 filename 的文件	返回一个文件指针; 否则返回 NULL
fprintf	int fprintf(FILE *fp,char *format,args,…);	把 args 的值以 format 指定的格式输出到 fp 所指的文件中	返回实际输出的字符数; 否则返回 EOF
fputc	int fputc(char ch,FILE *fp);	将字符 ch 输出到 fp 所指的文件中	成功则返回该字符; 否则返回 EOF
fputs	int fputs(char *str,FILE *fp);	将 str 指定的字符串输出到 fp 所指的文件中	成功则返回非负整数; 否则返回 EOF
fread	Int fread(char *pt,unsigned size,unsigned n,FILE *fp);	从 fp 所指定文件中读取长度为 size 的 n 个数据项，存到 pt 所指向的内存区	返回所读的数据项个数; 否则返回 0

函 数 名	函数原型说明	功 能	返 回 值
fscanf	int fscanf(FILE *fp,char *format,args,…);	从 fp 所指文件中按给定的 format 格式将读入的数据送到 args 所指内存单元中（args 是指针）	返回已输入的数据个数；否则返回 0
fseek	int fseek(FILE *fp,long offset,int base);	将 fp 指定文件的位置指针移到以 base 所指出的位置为基准、以 offset 为位移量的位置	成功则返回 0；否则返回 EOF
ftell	long ftell(FILE *fp);	返回 fp 所指定的文件中的读写位置，即当前读写位置相对于文件首的偏移字节数	返回文件中的读写位置；否则返回 EOF
fwrite	int fwrite(char *ptr,unsigned size, unsigned n,FILE *fp);	把 ptr 所指向的 n*size 个字节输出到 fp 所指向的文件中	返回输出数据项的个数；否则返回 0
getc	int getc(FILE *fp);	从 fp 所指文件中读取一个字符	返回所读字符；否则返回 EOF
getchar	int getchar();	从标准输入/设备中读取下一个字符	返回所读字符；否则返回 EOF
gets	char *gets(char *str);	从标准输入设备读取字符串存入 str 所指数组，输入字符串以回车结束	成功则返回 str；否则返回 NULL
open	int open(char *filename,int mode);	以 mode 指定的方式打开已存在的名为 filename 的文件（非 ANSI 标准）	返回文件号（正数）；否则返回 EOF
printf	int printf(char *format,args,…);	按照 format 指定的字符串的格式，将输出列表 args 的值输出到标准输出设备	输出字符数；否则返回 EOF
putc	int putc(int ch,FILE *fp);	把一个字符 ch 输出到 fp 所值的文件中，同 fputc	输出字符 ch；否则返回 EOF
putchar	int putchar(char ch);	把字符 ch 输出到标准输出设备	输出字符 ch；否则返回 EOF
puts	int puts(char *str);	把 str 指向的字符串输出到标准输出设备；将'\0'转换为换行符	返回换行符；否则返回 EOF
rename	int rename(char *oname,char **nname);	把 oname 所指文件名改为由 nname 所指文件名	成功则返回 0；否则返回 EOF
rewind	void rewind(FILE *fp);	将 fp 指定的文件指针置于文件头，并清除文件结束标志和错误标志	无
scanf	int scanf(char *format,args,…);	从标准输入设备按 format 指示的格式字符串规定的格式，输入数据给 args 所指示的单元，args 为指针	返回输入的数据个数；否则返回 EOF

3．字符函数

调用字符函数时，要求在源文件中使用预处理命令#include <ctype.h>。常用字符函数如表 C-3 所示。

表 C-3 常用字符函数

函 数 名	函数原型说明	功　能	返 回 值
isalnum	int isalnum(int ch);	检查 ch 是否字母或数字	是字母或数字返回 1； 否则返回 0
isalpha	int isalpha(int ch);	检查 ch 是否字母	是字母返回 1； 否则返回 0
iscntrl	int iscntrl(int ch);	检查 ch 是否控制字符(ASCII 码在 0 ~ 0x1F 之间)	是控制字符返回 1； 否则返回 0
isdigit	int isdigit(int ch);	检查 ch 是否数字（0~9）	是数字返回 1； 否则返回 0
isgraph	int isgraph(int ch);	检查 ch 是否是可打印字符（其 ASCII 码在 0x21 ~ 0x7E 之间），不包括空格	是可打印字符返回 1； 否则返回 0
islower	int islower(int ch);	检查 ch 是否是小写字母(a ~ z)	是小字母返回 1； 否则返回 0
isprint	int isprint(int ch);	检查 ch 是否是可打印字符(ASCII 码在 0x20 ~ 0x7E 之间)，包括空格	是可打印字符返回 1； 否则返回 0
ispunct	int ispunct(int ch);	检查 ch 是否是标点字符（不包括空格），即除字母、数字和空格以外的所有可打印字符	是标点返回 1； 否则返回 0
isspace	int isspace(int ch);	检查 ch 是否空格、跳格符（制表符）或换行符	是则返回 1； 否则返回 0
issupper	int isalsupper(int ch);	检查 ch 是否大写字母（A ~ Z）	是大写字母返回 1； 否则返回 0
isxdigit	int *isxdigit(int ch);	检查 ch 是否一个十六进制数字字符（即 0 ~ 9，或 A 到 F，a ~ f）	是则返回 1； 否则返回 0
tolower	int tolower(int ch);	将 ch 字符转换为小写字母	返回 ch 对应的小写字母
toupper	int touupper(int ch);	将 ch 字符转换为大写字母	返回 ch 对应的大写字母

4．字符串函数

调用字符串函数时，要求在源文件中使用预处理命令 #include <string.h>。常用字符串函数如表 C-4 所示。

表 C-4 常用字符串函数

函 数 名	函数原型说明	功　能	返 回 值
strcat	char *strcat(char *str1,char *str2);	把字符串 str2 接到 str1 后面，str1 最后面的串结束符'\0'被取消	返回 str1
strchr	char *strchr(char *str1,int ch);	找出 str 指向的字符串中第一次出现字符 ch 的位置	返回指向该位置的指针；否则返回 NULL

C 语言程序设计教程 ───────────────────────────────

续表

函 数 名	函数原型说明	功 能	返 回 值
strcmp	int *strcmp(char *str1,char *str2);	比较字符串 str1 和 str2	str1<str2，返回负数； str1=str2，返回 0； str1>str2，返回正数
strcpy	char *strcpy(char *str1,char *str2);	将 str2 指向的字符串复制到 str1	返回 str1
strlen	unsigned int strlen(char *str);	统计字符串 str 中字符的个数（不包括串结束符'\0'）	返回字符个数
strstr	char *strstr(char *str1,char *str2);	查找 str2 字符串在 str1 字符串中首次出现的位置（不包括 str2 的串结束符 '\0'）	返回首次找到 str2 字符串的地址；否则返回 NULL

5．动态内存分配函数和随机函数

调用动态内存分配函数和随机函数时，要求在源文件中使用预处理命令 #include <stdlib.h>。常用动态内存分配函数和随机函数如表 C-5 所示。

表 C-5　常用动态内存分配函数和随机函数

函 数 名	函数原型说明	功 能	返 回 值
callloc	void *calloc(unsigned n,unsigned size);	分配 n 个数据项的内存连续空间，每个数据项的大小为 size 个字节	返回分配单元的首地址；否则返回 NULL
free	void free(void *p);	释放 p 所指内存区	无
malloc	void *malloc(unsigned size);	分配 size 字节的内存空间	返回分配单元的首地址；否则返回 NULL
realloc	void *reallod(void *p,unsigned size);	将 p 所指的已分配内存空间的大小改为 size	返回内存空间首地址；否则返回 NULL
rand	int rand();	产生一个伪随机的无符号整数	返回一个伪随机数
srand	srand(unsigned int seed);	以 seed 为种子（初始值）计算机产生一个无符号的随机整数	返回一个随机数

参 考 文 献

[1] 谭浩强. C 语言程序设计教程[M]. 4 版. 北京：清华大学出版社，2010.

[2] 李丽娟. C 语言程序设计教程[M]. 5 版. 北京：人民邮电出版社，2019.

[3] 杨禹军. C 语言程序设计[M]. 长春：吉林大学出版社，2016.

[4] 贾宗璞，许合利. C 语言程序设计[M]. 北京：中国铁道出版社，2017.

[5] 郭有强，王磊，姚保峰，等. C 语言程序设计[M]. 北京：人民邮电出版社，2016.

[6] 薛园园. C 语言开发手册[M]. 北京：电子工业出版社，2011.

[7] 霍尔顿. C 语言入门经典（第 5 版）[M]. 杨浩，译，北京：清华大学出版社，2013.

[8] 聚慕课教育研发中心. C 语言从入门到项目实践[M]. 北京：清华大学出版社，2018.

[9] 何应钦，颜晖. C 语言程序设计[M]. 3 版. 北京：高等教育出版社，2015.

[10] 教育部考试中心. 全国计算机等级考试二级教程：C 语言程序设计[M]. 2018 年版. 北京：高等教育出版社，2017.